高等职业教育技能型人才培养规划教材

太阳能光伏发电及应用技术

赵书安　主编
刘志璋　主审

东南大学出版社

内 容 简 介

太阳能光伏产业已成为新能源行业中的最大亮点,太阳能光伏发电应用技术得到广泛推广,光伏产业的发展需要大量的光伏技术人员和从业人员,本书立足这一基点从工程实际出发,深入浅出,详细地论述了太阳能光伏电池和电池组件的生产工艺和性能检测,太阳能光伏系统的组成、设计、安装施工与维护,并详细介绍了太阳能光伏技术的应用。全书共分为十个课题:太阳辐射,太阳电池,太阳电池组件,控制器,逆变器,太阳能光伏离网系统储能装置,太阳能光伏系统设计,太阳能光伏应用技术,太阳能光伏产业概况及核能利用和工程案例。

本书是依据太阳能光伏系统的组成和应用,循序渐进,由浅入深,项目化地编写教学内容,理论和实训实践有机结合,使得所写内容流畅、实用且贴近企业生产实际;教材紧紧围绕太阳能光伏技术应用能力和基本素质培养这条主线,突出对太阳能光伏产业的基本技术和基本技能的培养,注重职业能力和技术应用及管理能力的强化。

本书不仅适用于高等职业院校应用电子专业和光伏新能源专业的教学,也可作为太阳能光伏产业人员的上岗培训用书,对太阳能光伏企业的工程技术人员、管理人员、维修服务人员、生产销售人员和科技爱好者均有较好的参考价值。

图书在版编目(CIP)数据

太阳能光伏发电及应用技术/赵书安主编.—南京:东南大学出版社,2011.5(2022.8 重印)
高等职业教育技能型人才培养规划教材
ISBN 978-7-5641-2711-4

Ⅰ.①太… Ⅱ.①赵… Ⅲ.①太阳能发电-高等职业教育-教材 Ⅳ.①TM615

中国版本图书馆 CIP 数据核字(2011)第 062884 号

太阳能光伏发电及应用技术

主　　编	赵书安
责任编辑	陈　跃　　E-mail:chenyue58@sohu.com
出版发行	东南大学出版社
出版人	江建中
社　　址	南京市四牌楼 2 号
邮　　编	210096
网　　址	http://www.seupress.com
经　　销	全国各地新华书店
印　　刷	兴化印刷有限责任公司
开　　本	787 mm×1 092 mm　1/16
印　　张	12.5
字　　数	320 千字
版 印 次	2011 年 5 月第 1 版　2022 年 8 月第 7 次印刷
书　　号	ISBN 978-7-5641-2711-4
定　　价	45.00 元

(凡因印装质量问题,请与我社读者服务部联系。电话:025-83792328)

前言

　　取之不尽、用之不竭的太阳能,将可能在本世纪中叶成为我国的重要能源。中国科学院党组已正式批准启动实施太阳能行动计划,该计划以2050年前后太阳能作为重要能源为远景目标,并确定了2015年分布式利用、2025年替代利用、2035年规模利用三个阶段目标。

　　随着我国光伏产业的高速发展和应用领域的拓宽,从事太阳能光伏系统集成设计和安装的技术人员不断增加。由于太阳能光伏技术属于跨多学科的新兴学科,它涉及气象、光学、半导体、电力、电子、计算机和机械等多种学科技术,要求从业的技术人员应掌握广泛而深入的技术知识,才能合理设计使用和充分发挥价格较昂贵的光伏系统设备的作用。本书是一本理论和实践有机结合的特色教材,是一门校企合作开发教材,也是作者在多年教学改革与实践的基础上所编写的教材之一。为适应应用电子技术的新形势和培养21世纪应用电子类和光伏新能源高素质、高技能型人才的迫切需要,本书在结构和内容上做了较大改进,项目化地编写教学内容。本书阐述了太阳电池和太阳电池组件的生产工艺,控制器和逆变器的结构、电路原理和应用设计,太阳能光伏系统的组成、设计、安装施工与维护等多方面内容,突出详述了太阳能光伏技术的应用,展示现代光伏技术的最新成就和行业企业最新技术发展水平,图文并茂,详略得当。本书在内容的编排上尽量做到科学、合理、循序渐进。

　　本书共分为十个课题:太阳辐射,太阳电池,太阳电池组件,控制器,逆变器,太阳能光伏离网系统储能装置,太阳能光伏系统设计,太阳能光伏应用技术,太阳能光伏产业概况及核能利用和工程案例。每个课题包含实训实践和习题,突出强调对学生动手实践能力的培养,做中学,学中做,巩固所学的知识和技能,培养学生的创新实践能力。

　　本书课题1,2,3,4,5,7,8由江苏城市职业学院赵书安编写,课题6由江苏城市职业学院李娅编写,课题9由江苏城市职业学院戴军编写,课题10由南京中电电气集团太阳能研究院有限公司的王宝华和罗韬编写,南京康尼科技实业有限公司戴宁参与实训内容的编写。全书由赵书安统稿。在本书的编写过程中,得到南京中电电气集团太阳能研究院有限公司刘志璋教授、罗韬主任的大力支持,提出了许多有益的宝贵意见,南京中电电气集团太阳能研究院有限公司的丁世杰、张建标和葛玉建三位博士提供了宝贵的修改意见,江苏城市职业学院的束正煌教授和余宁副教授也给予了很大帮助,陈梅也参与了编写工作,在此一并表示感谢。

本书参考了国内外光伏发电与应用技术领域的许多文献资料,部分光伏企业如南京中电电气集团太阳能研究院有限公司、南京中电电气光伏有限公司和新能源有限公司、镇江荣德新能源科技有限公司和扬州荣德新能源科技有限公司等的工程技术人员在课程开发阶段为本书的编写提供了许多有价值的参考资料,并提出一些具体的编写意见,在此谨表示诚挚的谢意!

本书的编写出版得到江苏城市职业学院精品课程"太阳能光伏应用技术"建设项目的支持。

为了适应当前国内外太阳能光伏应用技术发展的形势,我们对本教材进行了必要的修改和调整,以便更好为教学服务和指导学习。

东南大学出版社为本套教材的编写和出版给予了大力的支持和帮助。由于时间和水平有限,本书难免有疏漏和错误之处,请专家、读者批评指正。

编 者

2022 年 8 月

目 录

课题1 太阳辐射 … 1

1.1 太阳概况 … 1
  1.1.1 太阳的结构 … 1
  1.1.2 日地运动规律 … 3

1.2 太阳辐射 … 6
  1.2.1 地球大气层外的太阳辐射 … 7
  1.2.2 到达地表的太阳辐射 … 10
  1.2.3 地球表面倾斜面上的太阳辐射 … 12
  1.2.4 太阳辐射能的测量 … 14

1.3 全球和中国太阳能资源分布 … 14

习题 … 16

课题2 太阳电池 … 17

2.1 太阳电池的物理基础 … 17
  2.1.1 半导体及其主要特性 … 17
  2.1.2 半导体能带结构和导电性 … 17
  2.1.3 本征半导体、杂质半导体 … 19
  2.1.4 P—N结 … 20

2.2 太阳电池的结构、原理和特性 … 20
  2.2.1 太阳电池的结构 … 20
  2.2.2 太阳电池原理 … 21
  2.2.3 太阳电池的分类 … 22
  2.2.4 太阳电池特性 … 23

2.3 太阳电池生产工艺 … 26
  2.3.1 硅材料的制备 … 26
  2.3.2 太阳电池生产工艺流程 … 29

2.4 太阳电池的发展 … 33

    2.4.1 高效晶体硅太阳电池 ·············· 34
    2.4.2 薄膜太阳电池 ·············· 35
  2.5 实训1 太阳能电池发电原理实训 ·············· 35
 习题 ·············· 38

课题3 太阳电池组件 ·············· 39

  3.1 太阳电池组件的分类 ·············· 39
  3.2 太阳电池组件的结构 ·············· 40
  3.3 太阳电池组件的封装材料 ·············· 40
    3.3.1 上盖板 ·············· 40
    3.3.2 黏结剂 ·············· 41
    3.3.3 背面材料 ·············· 42
    3.3.4 边框 ·············· 42
    3.3.5 其他材料 ·············· 42
  3.4 太阳电池组件的封装工艺流程 ·············· 42
    3.4.1 激光划片 ·············· 42
    3.4.2 电池片分选 ·············· 43
    3.4.3 组合焊接 ·············· 43
    3.4.4 层压封装 ·············· 44
    3.4.5 安装边框和接线盒 ·············· 45
    3.4.6 性能检测 ·············· 45
  3.5 实训2 太阳电池能量转换实验 ·············· 46
  3.6 实训3 环境对光伏转换影响实训 ·············· 51
  3.7 实训4 太阳电池片的划片和分选实训 ·············· 55
  3.8 实训5 太阳电池片的焊接实训 ·············· 57
  3.9 实训6 太阳电池组件的叠层实训 ·············· 58
  3.10 实训7 太阳电池组件层压实训 ·············· 59
 习题 ·············· 60

课题4 控制器 ·············· 61

  4.1 控制器的基本工作原理 ·············· 61
  4.2 控制器的分类及工作原理 ·············· 62
    4.2.1 串联型充放电控制器 ·············· 62
    4.2.2 并联型充放电控制器 ·············· 62
    4.2.3 脉宽调制型充放电控制器 ·············· 64
    4.2.4 智能型控制器 ·············· 64

4.2.5　最大功率跟踪型控制器 ……………………………………… 65
4.3　光伏控制器的性能与技术参数 ……………………………………………… 66
　　4.3.1　光伏控制器的主要性能 …………………………………………… 66
　　4.3.2　光伏控制器的主要技术参数 ……………………………………… 66
4.4　实训8　光伏控制器控制实训 …………………………………………………… 67
4.5　实训9　光伏控制器设计、制作实训 ………………………………………… 70
习题 …………………………………………………………………………………… 71

课题5　逆变器 ………………………………………………………………… 72

5.1　逆变器的分类 ………………………………………………………………… 72
5.2　逆变器的结构与工作原理 …………………………………………………… 73
　　5.2.1　逆变器的基本结构 ………………………………………………… 73
　　5.2.2　逆变电路基本工作原理 …………………………………………… 73
5.3　单相电压源型逆变器 ………………………………………………………… 74
　　5.3.1　推挽式逆变电路 …………………………………………………… 74
　　5.3.2　半桥式逆变电路 …………………………………………………… 74
　　5.3.3　全桥式逆变电路 …………………………………………………… 74
5.4　三相逆变器 …………………………………………………………………… 76
　　5.4.1　三相电压源型逆变器 ……………………………………………… 76
　　5.4.2　三相电流源型逆变器 ……………………………………………… 77
5.5　光伏并网逆变器 ……………………………………………………………… 78
　　5.5.1　三相并网光伏逆变器 ……………………………………………… 78
　　5.5.2　单相并网光伏逆变器 ……………………………………………… 79
5.6　逆变器的技术参数与配置选型 ……………………………………………… 80
　　5.6.1　逆变器的主要技术参数 …………………………………………… 80
　　5.6.2　逆变器的配置选型 ………………………………………………… 82
5.7　实训10　光伏逆变器逆变原理实训 ………………………………………… 84
5.8　实训11　光伏逆变器全桥逆变实训 ………………………………………… 85
5.9　实训12　光伏逆变器全桥逆变输出电能质量分析 ………………………… 88
5.10　实训13　光伏逆变器的设计、制作实训 …………………………………… 89
习题 …………………………………………………………………………………… 90

课题6　太阳能光伏离网系统储能装置 ………………………………… 91

6.1　太阳能光伏离网系统储能装置的作用 ……………………………………… 91
6.2　太阳能光伏离网系统的主要储能装置 ……………………………………… 92
6.3　太阳能光伏离网系统常用蓄电池的种类 …………………………………… 92

6.3.1　铅酸蓄电池 ……………………………………………………… 93
　　6.3.2　碱性蓄电池 ……………………………………………………… 95
　　6.3.3　其他新型蓄电池 …………………………………………………… 96
6.4　太阳能光伏离网系统常用蓄电池的型号及特性参数 …………………………… 97
　　6.4.1　蓄电池的命名方法 ………………………………………………… 97
　　6.4.2　蓄电池的特性参数 ………………………………………………… 98
　　6.4.3　太阳能光伏离网系统对蓄电池的基本要求 ……………………… 101
6.5　太阳能光伏离网系统常用蓄电池的安装和维护 ………………………………… 102
　　6.5.1　蓄电池组的安装 …………………………………………………… 102
　　6.5.2　安装蓄电池时应注意的问题 ……………………………………… 102
　　6.5.3　铅酸蓄电池的维护 ………………………………………………… 103
　　6.5.4　蓄电池管理维护工作需注意的问题 ……………………………… 104
习　题 ………………………………………………………………………………… 104

课题 7　太阳能光伏系统设计 ……………………………………………………… 106

7.1　太阳能光伏系统组成原理及分类 ………………………………………………… 106
　　7.1.1　太阳能光伏系统的组成和工作原理 ……………………………… 106
　　7.1.2　太阳能光伏系统的分类 …………………………………………… 106
7.2　太阳能光伏系统的软件设计 ……………………………………………………… 110
　　7.2.1　太阳能光伏系统软件设计概述 …………………………………… 110
　　7.2.2　太阳能光伏组件(方阵)设计 ……………………………………… 110
　　7.2.3　储能系统容量设计 ………………………………………………… 112
　　7.2.4　太阳电池组件最佳倾角的设计 …………………………………… 113
　　7.2.5　太阳能光伏系统容量设计实例 …………………………………… 115
7.3　太阳能光伏系统的硬件设计 ……………………………………………………… 116
　　7.3.1　太阳能光伏系统的设备配置与选型 ……………………………… 117
　　7.3.2　太阳能光伏系统的防雷和接地设计 ……………………………… 126
7.4　太阳能光伏系统的安装与调试 …………………………………………………… 130
　　7.4.1　太阳能光伏系统的安装 …………………………………………… 131
　　7.4.2　太阳能光伏系统的调试 …………………………………………… 133
7.5　太阳能光伏系统的运行与维护 …………………………………………………… 135
　　7.5.1　太阳能光伏系统运行与维护的一般要求 ………………………… 135
　　7.5.2　太阳能光伏系统的运行与维护 …………………………………… 136
　　7.5.3　巡检周期和维护规则 ……………………………………………… 140
7.6　实训 14　太阳能光伏应用产品维护实训 ……………………………………… 144
7.7　实训 15　太阳能光伏系统设计实训 …………………………………………… 145

习题 ·· 146

课题 8　太阳能光伏应用技术　147

8.1　太阳能灯 ··· 147
8.1.1　太阳能路灯 ·· 147
8.1.2　太阳能路灯光源 ·· 148
8.1.3　太阳能灯的其他形式 ··· 150

8.2　太阳能光伏技术在交通上的应用 ······································ 152
8.2.1　太阳能汽车 ·· 152
8.2.2　太阳能游船 ·· 153
8.2.3　太阳能飞机 ·· 154
8.2.4　太阳能电动车 ·· 156

8.3　太阳能光伏家用电源系统 ··· 157
8.3.1　小型电子产品光伏供电系统 ···································· 157
8.3.2　户用独立光伏系统 ·· 158
8.3.3　户用并网光伏系统 ·· 159

8.4　太阳能光伏技术在通信系统中的应用 ······························· 159

8.5　光伏建筑一体化 ··· 160
8.5.1　光伏与建筑物相结合的方式和优点 ·························· 160
8.5.2　光伏建筑一体化设计的评价标准及核心问题 ··········· 161
8.5.3　光伏建筑一体化的发展 ··· 162

8.6　太阳能光伏在太空中的应用 ··· 162

8.7　光伏电站 ··· 163

8.8　实训 16　太阳能光伏应用技术实训 ································· 165

　　习题 ·· 166

课题 9　太阳能光伏产业概况及核能利用　167

9.1　国际国内太阳能光伏发展现状与趋势 ······························· 167
9.2　我国太阳能光伏产业现状及发展 ······································ 170
9.3　我国太阳能光伏发展对策 ··· 172
9.4　核电站与核能 ·· 174
　　习题 ·· 178

课题 10　工程案例　179

10.1　案例 1　30 kW 光伏并网系统设计 ································· 179
10.1.1　案例简介 ·· 179

10.1.2　设计依据和标准 ·· 179
　　10.1.3　项目总体设计方案 ·· 180
　　10.1.4　系统效益分析 ··· 184
10.2　光伏离网发电系统设计 ·· 184
　　10.2.1　引言 ··· 184
　　10.2.2　太阳电池组件容量的计算 ··· 185
　　10.2.3　蓄电池容量的计算 ·· 186
　　10.2.4　以峰值日照时数为依据的计算方法 ······································ 186
　　10.2.5　案例 ··· 187

参考文献 ··· 189

课题 1　太阳辐射

太阳能光伏应用技术离不开太阳，本课题介绍太阳能结构，太阳的活动规律，太阳辐射的性质和计算，太阳与地球相对运动的规律，到达地面的太阳辐射能的计算，以及太阳辐射能资源的分布特点。

1.1　太阳概况

1.1.1　太阳的结构

太阳是距离地球最近的一颗恒星，日地距离为 1.49597892×10^8 km。太阳是一个炙热的大气球体，它的直径为 1.392×10^6 km，是地球直径的 109 倍，太阳的体积约为 1.4122×10^7 km³，比地球大 130 万倍，太阳的平均密度为 1.49 g/cm³，比水的密度大 50%，太阳内部的密度约为 160 g/cm³，日心引力比地心引力大 29 倍左右。太阳的总能量为 1.989×10^{30} kg，相当于地球总质量的 33.34 万倍。太阳的主要物质组成是氢和氦，其中氢占 78.4%，氦占 19.8%，金属和其他元素总计占 1.8%，太阳表面温度为 5700℃、中心温度高达 2×10^7℃，压强约为 2000 多亿个大气压。

太阳内部不断进行着热核反应，氢聚变为氦，通过热核反应，质量转换为能量，4 个氢原子核经过核反应聚变成一个氦原子，1 g 质量的氢原子在热核反应中产生的能量为 6.3×10^{11} J，能量 $\Delta E = \Delta m c^2$，Δm 为亏损质量，c 为真空中的光速。太阳每秒将 6 亿多吨氢变为氦并产生大量的能量，这些能量发射出来，总功率相当于 3.8×10^8 MW，该反应还可以维持 50 亿年。

太阳的结构从中心到边缘依次可分为核反应区、辐射区、对流区和大气层，如图 1.1 所示。太阳 99% 的能量是由中心核反应区的热核反应产生的。

1. 核反应区

核反应区是太阳的中心，也是热核反应的进行区，在太阳半径 25%（即 0.25R）的区域内，集中了太阳一半以上的质量，在此区域内温度约为 1500 万度，压强为 2500 亿个大气压，在高温高压作用下，所有物质都只能以离子形态存在，在核反应区时刻进行剧烈的热核反应，产生的能量约占太阳产生总能量的 99%，并以对流和辐射形式向外释放。

2. 辐射区

核反应区外面的一层是辐射区，范围为 0.25R—0.8R，温度下降到 130 万度，压强为数十万个大气层，从核反应区辐射出的能量是以高能伽马射线的形式发出的，辐射层通过对

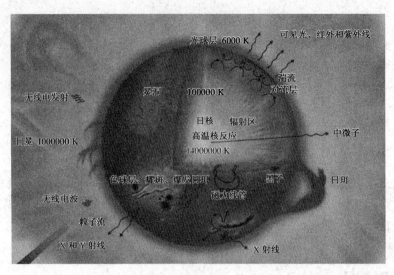

图 1.1　太阳结构示意图

这些高能粒子的吸收和再发射实现能量传递,经过无数次的这种再吸收、再辐射的漫长过程(一个光子脱离太阳约需要 1000 年时间),高能伽马射线经过 X 射线、紫外线逐渐转变为可见光和其他形式的辐射。

3. 对流区

从辐射区到 1 倍太阳直径处为对流区(对流层),范围为 $0.8R—1.0R$,温度下降为 4700 度。大量的对流热传播在该区进行。在对流区温度、压力和密度变化梯度很大,物质始终处在剧烈的上下对流状态,对流产生的低频声波可以通过光球层传播到太阳的外层大气。

4. 太阳大气层

太阳大气层可由光球、色球和日冕等构成。

(1) 光球层

对流层外面的部分称为光球层,厚度为 500 km,表面温度接近 6000℃,即太阳的平均有效温度,光球内的温度随深度而增加,大气透明度有限。因此,在观测中有临边昏暗现象,几乎全部太阳光都是从这一层发射出的。太阳的连续光谱基本上就是光球的光谱,太阳光谱内的吸收线基本上也是在这一层内形成的。光球上最显著现象是太阳黑子,它实际上是具有强磁场的低温漩涡,由于它的温度相对较低,约为 4000℃,同周边区域相比,看起来是"黑"的,所以称为太阳黑子,太阳黑子活动对地球的气候和生态影响很大,太阳黑子的活动周期平均为 11.2 年,光球表面还有颗粒状结构——米粒组织,它们是从对流层上升到光球的热气团,这些热气团时而出现时而消失,光球上亮的区域叫光斑。

(2) 色球层

色球层在光球层以外,其厚度约为 2000 km,几乎是透明的,平常看不到,只有在日全食时或用色球望远镜,才能观测到它。色球层的温度从底层的数千度升到顶部的数万度,色球上玫瑰红色的舌状气体如烈火升腾。它又称为日饵,大的日饵高于光球层几十万公里,还有无数被称为针状体的高温等离子小日饵,日饵在日面上的投影称为暗条,在色球与日冕之间有时会突然发生剧烈的爆发现象,称为耀斑,耀斑爆发时从射电波段到 X 射线的辐射通量会突然增强,同时伴随大量高能粒子和等离子体喷发,对地球空间环境产生很大影响。

(3) 日冕

色球层外是伸入太空中的银白色日冕,日冕是由各种微粒构成的,包括一部分太阳尘埃质点、电离粒子和电子,密度为 $10^{-6}\,\text{g/cm}^3$,温度高达 1000 万度,有时日冕能向太空伸展几万公里,形成太阳网,打击到地球大气层上,产生磁暴或极光,影响地球磁场和通讯。

日冕上有冕洞,而冕洞是太阳风的风源,日冕也只有在日全食或用日冕仪才可观测到。

1.1.2 日地运动规律

1. 地球绕太阳运动

地球绕地轴自西向东旋转,自转一周即一昼夜 24 小时,地球每小时自转 15°。地球除了自转以外,还绕太阳循着称为黄道的椭圆形轨道(长轴为 $152\times10^6\,\text{km}$,短轴为 $147\times10^6\,\text{km}$)运行,称为公转。公转周期为 1 年(实际为 365 天 6 时 6 分 9 秒)。地球绕太阳运行示意如图 1.2 所示。

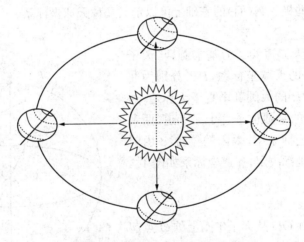

图 1.2 地球绕太阳运行的示意图

地球的自转轴与公转运行的轨道面(黄道面)的法线倾斜成 23.45°夹角,而且在地球公转时其自转轴的方向始终不变,总是指向地球的北极。这就使得太阳光线直射赤道的位置有时偏南,有时偏北,形成地球上季节的变化。

在北半球除北极外,一年中只有春分日和秋分日是日出正东,日落正西。夏半年内,日出东偏北,日落西偏北方向,并且越近夏至日,日出和日落越偏北,夏至这天日出和日落最偏北。在冬半年内,日出东偏南,日落西偏南方向,并且越近冬至日,日出和日落越偏南,同样在冬至日这天日出和日落最偏南。

北半球在夏至日(6 月 21/22 日),南半球恰好为冬至日,太阳直射北纬 23.45°的天顶,因此称北纬 23.45°纬度圈为北回归线。北半球冬至日(12 月 21/22 日),南半球为夏至日,太阳直射南纬 23.45°的天顶,因此称南纬 23.45°纬度圈为南回归线。在北半球春分日(3 月 20/21 日)和秋分日(9 月 22/23 日),太阳恰好直射地球的赤道平面。

2. 天球坐标系

观察者站在地球表面,仰望天空,平视四周所看到的假想球面,按照相对运动原理,太阳似乎在这个球面上自东向西周而复始地运动,要确定太阳在天球上的位置,最方便的方法是采用天球坐标系。常用的天球坐标系有赤道坐标系和地平坐标系两种。

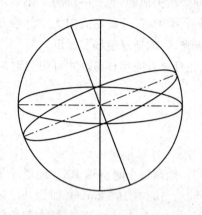

图 1.3 天球坐标系

如图 1.3 所示,以观察者为球心,以任意长度为半径,其上分布着所有天体的球面叫天球,通过天球的中心(即观察者的眼睛)与铅直线垂直的平面称为地平面,地平面将天球分为上下两个半球,交点分别称为天顶和天底。地球每天绕着它本身极轴自西向东地自转一周,反过来说,假设地球不动,那么天球将每天绕着本身的轴线自东向西的自转一周,称为周日运动。在周日运动中,天球上有两个不动点叫南天极和北天极,连接两个天极的直线称为天轴,通过天轴的中心(即观察者的眼睛)与天轴相垂直的平面称为天球赤道面,天球赤道面与天球的交线是个大圆,称为天赤道,通过天顶和天底的大圆称为子午线。

图 1.3 在上述这些极和圆(面)的基础上可以定义几种天球坐标系。

(1) 赤道坐标系

赤道坐标系是以天赤道 QQ' 为基本圆,与天子午线圈交点 Q 为原点的天球坐标系,PP' 分别为北天极和南天极,通过 PP' 的大圆都垂直于天赤道,通过 P 和球面上的太阳的半圆也垂直于天赤道,两者相交于 D 点,在赤道坐标系中,太阳的位置 B 由时角 ω 和赤纬角 δ 两个坐标决定,赤道坐标系如图 1.4 所示。

① 时角 ω

时角 ω 相对于圆弧 QD 从天子午圈上的 Q 点起算(即从太阳的正午起算),时角 ω 是用角度表示的时间,每 15° 为 1 小时,顺时针方向为正,逆时针方向为负,即上午为负,下午为正,以 ω 表示,等于离正午的时间(时数)乘以 15°。

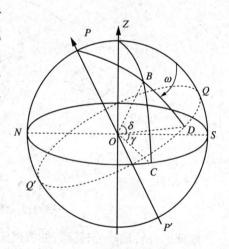

图 1.4 赤道坐标系

② 赤纬角 δ

与赤道平面平行的平面与地球的交线称为地球的纬度,通常将太阳直射点的纬度即太阳中心和地心的连线与赤道平面的夹角称为赤纬角,以 δ 表示。地球上太阳赤纬角的变化如图 1.5 所示。对于太阳来说,春分日和秋分日的 $\delta=0°$,向北天极由 0° 变化到夏至日的 +23.45°,向南天极有 0° 变化到冬至日的 -23.45°。赤纬角是时间的连续函数,其变化率在春分日和秋分日最大,大约是一天变化 0.5°。赤纬角仅仅与一年中的哪一天有关,而与地点无关,即地球上任何位置,同一天的赤纬角相同。

赤纬角可用库珀方程近似计算,即

$$\delta = 23.45\sin\left[360 \times \frac{(284+n)}{365}\right]$$

式中 n 为一年中的日期序号，如元旦为 n=1，春分日 n=81。

赤纬角在一年中的 0°到 23.45°之间变化，但是这个近似公式不能得到春分日、秋分日 δ 值同时等于 0°的结果。

更为精确的近似公式为

$$\delta = 23.45\sin\left[\frac{\pi}{2}\left(\frac{\alpha_1}{N_1}+\frac{\alpha_2}{N_2}+\frac{\alpha_3}{N_3}+\frac{\alpha_4}{N_4}\right)\right]$$

式中，$N_1 = 92.795$（从春分日到夏至日的天数），α_1 为从春分日开始计算的天数；

$N_2 = 93.629$（从夏至日到秋分日的天数），α_2 为从夏至日开始计算的天数；

$N_3 = 89.865$（从秋分日到冬至日的天数），α_3 为从秋分日开始计算的天数；

$N_4 = 89.012$（从冬至日到春分日的天数），α_4 为从冬至日开始计算的天数。

在春分日，$\alpha_1=0$，以此类推，这使赤纬角 δ 计算值的精度比前述公式提高了 5 倍，地球上太阳赤纬角的变化如图 1.5 所示。

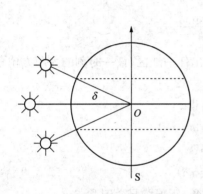

图 1.5 地球上太阳赤纬角的变化

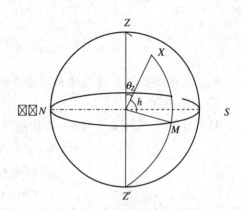

图 1.6 地平坐标系

（2）地平坐标系

以地平圈为基本圈，天顶为基本点，南点为原点的坐标系为地平坐标系，如图 1.6 所示。人在地球上观看空中的太阳相对于地平面的位置时，太阳相对地球的位置是相对于地平面而言的，通常用高度角 h 和方位角 γ 两个坐标决定。天顶角 θ_z 就是太阳光线与地平面法线之间的夹角。高度角 h 是太阳光线与其在地平面上投影线之间的夹角，它表示太阳高出水平面的角度，高度角 h 与天顶角 θ_z 的关系为：

$$h + \theta_z = 90°$$

而方位角 γ 是太阳光线在地平面上投影和地平面上正南方向线之间的夹角，它表示太阳光线的水平投影偏离正南方向的角度，取正南方向为起始点（0°），向西（顺时针方向）为正，向东（逆时针方向）为负。

（3）太阳角的计算

① 太阳高度角 h

$$\sin h = \cos\theta_z = \sin\phi\sin\delta + \cos\phi\cos\delta\cos\omega$$

式中 ϕ 为地理纬度，δ 为太阳赤纬角，ω 为太阳时角。

在太阳正午时，$\omega = 0$，$\cos\omega = 1$

上式可简化为：

$$\sin h = \sin \Phi \sin \delta + \cos \Phi \cos \delta = \cos(\Phi - \delta) = \sin[90° \pm (\Phi - \delta)]$$

当正午太阳在天顶以南,即 $\Phi > \delta$,有

$$\sin h = \sin[90° - (\Phi - \delta)]$$
$$h = 90° - \Phi + \delta$$

当正午太阳在天顶以北,即 $\Phi < \delta$ 时,有

$$h = 90° + \Phi - \delta$$

② 太阳方位角 γ

太阳的方位角 γ 与高度角、赤纬角、纬度及时角的关系为:

$$\sin \gamma = \frac{\cos \delta \sin \omega}{\cos h}$$

或

$$\cos \gamma = \frac{\sin h \sin \phi - \sin \delta}{\cos h \cos \phi}$$

根据地理纬度,太阳赤纬角及观测时间,就可以求出任一地区、任一时刻的太阳方位角。

③ 日照时间

日出日落时,太阳高度角 $h=0$,由高度角计算式可得

$$\sin \phi \sin \delta + \cos \phi \cos \delta \cos \omega_s = 0$$
$$\cos \omega_s = -\tan \phi \tan \delta$$
$$\omega_s = \arccos(-\tan \phi \tan \delta)$$

ω_s 为日出或日落时角,以角度表示,负值为日出时角,正值为日落时角。

因 $\cos \omega_s = \cos(-\omega_s)$,所以 $\omega_{s出} = \omega_s$, $\omega_{s落} = -\omega_s$。

日照时间是当地自日出到日落之间的时间间隔,由于地球每小时自转 15°,所以日照时间可用日出、日落时角的绝对值之和除以 15°得到。

$$N = \frac{|\omega_{日落}| + |\omega_{日出}|}{15} = \frac{2}{15}\arccos(-\tan \phi \tan \delta)$$

1.2 太阳辐射

太阳发出的能量大约只有 22 亿分之一能够到达地球的范围,约为 173×10^4 亿千瓦,经过大气的吸收和反射,到达地球表面的约占 51%,大约为 88×10^4 亿千瓦,而能够到达陆地表面的只有到达地球范围辐射能量的 10%左右,约为 17×10^4 亿千瓦,相当于目前全球消耗能量的 3.5 万倍,在单位时间内,太阳以辐射形式发射的能量称为太阳辐射功率或辐射通量,单位为瓦。太阳投射到单位面积上的辐射功率辐射通量称为辐射强度或辐照度,单位为瓦/平方米。该物理量表征的是太阳辐射的瞬时强度,而在一段时间内太阳投射到单位面积上的辐射能量称为辐射量或辐照量,单位为千瓦·时/[平方米·年(或月、日)],该物理量表征的是辐射总量,通常测量累积值。

1.2.1 地球大气层外的太阳辐射

1. 太阳常数

地球以椭圆形轨道绕太阳运行,太阳与地球之间的距离不是一个常数,地球大气层上界的太阳辐射强度随日地距离的不同而不同,但其相对变化量很小,由此引起太阳辐射强度的相对变化不超过±3.4%。因此,地球大气层外的太阳辐射强度几乎是一个常数。人们用太阳常数来描述大气层上的太阳辐射强度。

太阳常数指在地球大气层之外,平均日地距离处垂直于太阳光线的单位面积上单位时间内所接收的太阳辐射能,或称为大气质量为0(AM0)的辐射,太阳常数的大小 I_{sc}=1367±7 W/m²,为平均日地距离时的太阳辐射强度。实际上,一年中的日地距离是变化的,I_{sc}的值也稍有变化,若设大气层上界某一任意时刻的太阳辐射强度为 I_0,则

$$I_0 = I_{sc}\left[1 + 0.033\cos\left(\frac{2\pi n}{365}\right)\right] = I_{sc}r$$

式中,r 为日地距离变化引起大气层上界的太阳辐射能量的修正值。

2. 到达大气层上界的太阳辐射

大气层上界水平面上的太阳辐射日总量 H_0 可用下式计算:

$$H_0 = \frac{24 \times 3600}{\pi} I_{sc} r \left[\frac{\pi\omega_s}{180}\sin\phi\sin\delta + \cos\phi\cos\delta\cos\omega_s\right]$$

式中 I_{sc} 为太阳常数,ω_s 为日出或日落时角,ϕ 为当地纬度,δ 为太阳赤纬角,r 为日地距离修正系数

$$r = 1 + 0.033\cos\left(\frac{2\pi n}{365}\right)$$

式中 n 为一年中的日期序号,如1月20日,n=20。

在考虑大气层上界各月的太阳平均辐射值时,一般以每月16日为代表日,6月和12月偏差较大,可分别用6月11日和12月10日为代表日。同样,在考虑到达地面时的太阳辐射月平均值时,也可用这些日期作为代表日,由此可得到不同纬度大气层上界各个月份的平均太阳日辐照量,见表1.1。

表1.1 不同纬度大气层上界各个月份的平均太阳日辐照量(单位:kJ/(m²·d))

纬度(°)	1月	2月	3月	4月	5月	6月	7月	8月	9月	10月	11月	12月
90	0.0	0.0	1.2	19.3	37.2	44.8	41.2	26.5	5.4	0.0	0.0	0.0
85	0.0	0.0	2.2	19.2	37.0	44.7	41.0	26.4	6.4	0.0	0.0	0.0
80	0.0	0.0	4.7	19.6	36.6	44.2	40.5	26.1	9.0	0.6	0.0	0.0
75	0.0	0.8	7.8	21.0	35.9	43.3	39.8	26.3	11.9	2.2	0.0	0.0
70	0.1	2.7	10.9	23.1	35.3	42.1	38.7	27.5	14.8	4.9	0.3	0.0
65	1.2	5.4	13.9	25.4	35.7	41.0	38.3	29.2	17.7	7.8	2.0	0.5
60	3.5	8.3	16.9	27.6	36.6	41.0	38.8	30.9	20.5	10.8	4.5	2.3
55	6.2	11.3	19.8	29.6	37.6	41.2	39.4	32.6	23.1	13.8	7.3	4.8

续表

纬度(°)	1月	2月	3月	4月	5月	6月	7月	8月	9月	10月	11月	12月
50	9.1	14.4	22.5	31.5	38.5	41.5	40.0	34.1	25.5	16.7	10.3	7.7
45	12.2	17.4	25.1	33.2	39.2	41.7	40.4	35.3	27.8	19.6	13.3	10.7
40	15.3	20.3	27.4	34.6	39.7	41.7	40.6	36.4	29.8	22.4	16.4	13.7
35	18.3	23.1	29.6	35.8	40.0	41.5	40.6	37.3	31.7	25.0	19.3	16.8
30	21.3	25.7	31.5	36.8	40.0	41.1	40.4	37.8	33.2	27.4	22.2	19.9
25	24.2	28.2	33.2	37.5	39.8	40.4	40.0	38.2	34.6	29.6	25.0	22.9
20	27.0	30.5	34.7	37.9	39.3	39.5	39.3	38.2	35.6	31.6	27.7	25.8
15	29.6	32.6	35.9	38.0	38.5	38.4	38.3	38.0	36.4	33.4	30.1	28.5
10	32.0	34.4	36.8	37.9	37.5	37.0	37.1	37.5	37.0	35.0	32.4	31.1
5	34.2	36.0	37.5	37.4	36.3	35.3	35.6	36.7	37.2	36.3	34.5	33.5
0	36.2	37.4	37.8	36.7	34.8	33.5	34.0	35.7	37.2	37.3	36.3	35.7
−5	38.0	38.5	37.9	35.8	33.0	31.4	32.1	34.4	36.9	38.0	37.9	37.6
−10	39.5	39.3	37.7	34.5	31.1	29.2	29.9	32.9	36.3	38.5	39.3	39.4
−15	40.8	39.8	37.2	33.0	28.9	26.8	27.6	31.1	35.4	38.7	40.4	40.9
−20	41.8	40.0	36.4	31.3	26.6	24.2	25.2	29.1	34.3	38.6	41.2	42.1
−25	42.5	40.0	35.4	29.3	24.1	21.5	22.6	27.0	32.9	38.2	41.7	43.1
−30	43.0	39.7	34.0	27.2	21.4	18.7	19.9	24.6	31.2	37.6	42.0	43.8
−35	43.2	39.1	32.5	24.8	18.6	15.8	17.0	22.1	29.3	36.6	42.0	44.2
−40	43.1	38.2	30.6	22.3	15.8	12.9	14.2	19.4	27.2	35.5	41.7	44.5
−45	42.8	37.1	28.6	19.6	12.9	10.0	11.3	16.6	24.9	34.0	41.2	44.5
−50	42.3	35.7	26.3	16.8	10.0	7.2	8.4	13.8	22.4	32.4	40.5	44.3
−55	41.7	34.1	23.9	13.9	7.2	4.5	5.7	10.9	19.8	30.5	39.6	44.0
−60	41.0	32.4	21.2	10.9	10.0	4.5	2.2	8.0	17.0	28.4	38.7	43.7
−65	40.5	30.6	18.5	7.8	2.1	0.3	1.0	5.2	14.1	26.2	37.8	43.7
−70	40.8	28.8	15.6	5.0	0.4	0.0	0.0	2.6	11.1	24.0	37.4	44.9
−75	41.9	27.6	12.6	2.4	0.0	0.0	0.0	0.0	8.0	21.9	38.1	46.2
−80	42.7	27.4	9.7	0.6	0.0	0.0	0.0	0.0	5.0	20.6	38.8	47.1
−85	43.2	27.7+	7.2	0.0	0.0	0.0	0.0	0.0	2.4	20.3	39.3	47.6
−90	43.3	27.8	6.2	0.0	0.0	0.0	0.0	0.0	1.4	20.4	39.4	47.8

3. 大气质量 m

太阳与天顶轴重合时,太阳光线穿过一个地球大气层的厚度,路程最短,太阳光线的实际路程与此最短路程之比称为大气质量。并假定在1个标准大气压和0℃时,地球海平面上太阳光线垂直入射时,$m=1$。因此,大气层上界的大气质量 $m=0$,太阳在其他位置时,大质量都大于 1,如 $m=1.5$ 时,通常写成 AM 1.5,大气质量示意图如图 1.7 所示。

大气质量越大,说明光线经过大气的路程越长,受到衰减越多,到达地面的能量就越少。

当太阳位于 S' 点时,大气质量为

$$m(h) = \frac{O'A}{OA} = \sec\theta_z = \frac{1}{\sin h}$$

式中 θ_z 为太阳天顶角,h 为太阳高度角。

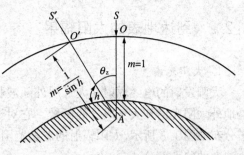

图 1.7 大气质量示意图

上式是从三角函数关系推导出来的,以地表为水平面,忽略了大气的曲率及折射因素的影响;当 $h \geq 30°$ 时,上式计算值与大气质量的观测值非常接近,其精度达 0.01;但当 $h < 30°$ 时,由于折射和地面曲率的影响大,有很大误差。在光伏系统工程计算中,可采用下式计算:

$$m(h) = [1229 + (614\sin h)^2]^{1/2} - 614\sin h$$

在中国日射观测站,当 $h < 20°$ 时,可查表 1.2 计算大气质量 m 值。

表 1.2 大气质量 m 值

h(整数) \ h(小数) m	0.0	0.1	0.2	0.3	0.4	0.5	0.6	0.7	0.8	0.9
1	27.0	26.0	25.0	24.5	24.0	23.0	22.0	21.0	20.7	20.4
2	20.0	19.5	19.0	18.5	18.7	18.0	17.5	16.5	16.0	15.7
3	15.9	15.4	14.7	14.2	14.0	14.0	13.8	13.3	13.0	12.7
4	12.5	12.3	12.0	11.8	11.6	11.6	11.4	11.0	10.8	10.6
5	10.4	10.2	10.0	9.9	9.7	9.7	9.6	9.4	9.2	9.0
6	8.9	8.7	8.6	8.5	8.4	8.4	8.3	8.1	8.0	7.9
7	7.8	7.7	7.6	7.5	7.4	7.4	7.3	7.2	7.1	7.0
8	6.9	6.8	6.8	6.7	6.6	6.6	6.5	6.4	6.3	6.3
9	6.2	6.1	6.1	6.0	6.0	6.0	5.9	5.8	5.8	5.8
10	5.7	5.7	5.6	5.6	5.5	5.5	5.5	5.4	5.4	5.3
11	5.2	5.2	5.1	5.0	5.0	5.0	4.9	4.9	4.8	4.8
12	4.8	4.7	4.7	4.7	4.6	4.6	4.6	4.5	4.5	4.4
13	4.4	4.4	4.4	4.3	4.3	4.3	4.2	4.2	4.2	4.1
14	4.1	4.1	4.1	4.0	4.0	4.0	4.0	3.9	3.9	3.9
15	3.8	3.8	3.8	3.8	3.7	3.7	3.7	3.7	3.6	3.6
16	3.6	3.6	3.5	3.5	3.5	3.5	3.5	3.4	3.4	3.4
17	3.4	3.4	3.3	3.3	3.3	3.3	3.3	3.3	3.2	3.2
18	3.2	3.2	3.2	3.2	3.1	3.1	3.1	3.1	3.1	3.1
19	3.0	3.0	3.0	3.0	3.0	3.0	3.0	2.9	2.9	2.9

1.2.2 到达地表的太阳辐射

1. 太阳光谱

太阳发射的电磁辐射在大气层外随波长的分布叫太阳光谱,到达地面的太阳辐射光谱是地外太阳光谱和大气成分的函数。它对于地面太阳光伏系统应用是十分重要的,太阳光谱分布如图 1.8 所示,太阳辐射的波长范围包括从 0.1 nm 以下的宇宙射线及无线电波的电磁波谱的绝大部分。

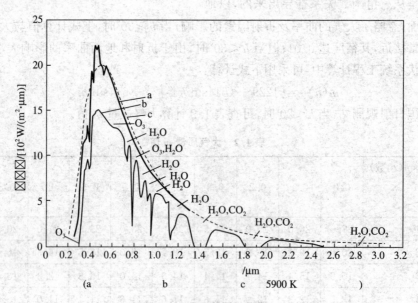

图 1.8 太阳光谱分布图

2. 大气透明度

大气透明度是表征大气对于太阳光线透过程度的一个参数。在晴朗无云的天气,大气透明度高,到达地面的太阳辐射能就多。天空中云雾或灰尘多时,大气透明度低,到达地面的太阳辐射能就少。

根据布克-兰贝特定律,波长为 λ 的太阳辐射 $I_{\lambda,0}$,经过厚度为 dm 的大气层后,辐射衰减为:

$$dI_{\lambda,n} = -c_\lambda I_{\lambda,0} dm$$

式中,c_λ 为大气消光系数,将上式积分,得

$$I_{\lambda,n} = I_{\lambda,0} e^{-c_{\lambda,m}} \quad \text{或} \quad I_{\lambda,n} = I_{\lambda,0} p_\lambda^m$$

($p_\lambda = e^{-c_\lambda}$ 为单色光谱透明度或透明系数)

式中,$I_{\lambda,0}$ 为大气层上界的波长为 λ 的太阳辐射强度。

$I_{\lambda,n}$ 为通过大气到达地表法向的波长为 λ 的太阳辐射强度,将波长从 $0 \to \infty$ 的整个波段积分,就可得到全色太阳辐射强度

$$I_n = \int_0^\infty I_{\lambda,0} p_\lambda^m d\lambda$$

设整个太阳辐射光谱范围内的单色透明度的平均值为 p_m,则上式可改写为

$$I_n = p_m \int_0^\infty I_{\lambda,0} \, d\lambda = p_m^m r I_{sc}$$

或

$$p_m = \sqrt[m]{\frac{I_n}{rI_{sc}}}$$

式中，r 为日地距离修正系数，p_m 为复合透明系数，它表征着大气对太阳辐射的衰减程度。

3. 到达地表的法向太阳直接辐射强度

大气透明度 p_m 与大气质量 m 有关，为了比较不同大气质量情况下的大气透明度，必须将大气透明度修正到某一给定的大气质量。例如，将大气质量为 m 的大气透明度 p_m 修正到大气质量为 2 的大气透明度 p_2，此时到达地表的法向太阳直接辐射强度为：

$$I_{b,n} = rI_{sc} p_2^m$$

式中，r 为日地距离修正值，I_{sc} 为太阳常数，p_2 为修正到 $m=2$ 时的 p_m 值。

4. 水平面上的太阳直接辐射强度

由图 1.9 可看出太阳直射强度与太阳高度角的关系，AB 面代表水平面，AC 面代表垂直于太阳光线的表面，则

$$AC = AB \sin h$$

由于太阳直接入射到 AC 和 AB 平面上的能量是相等的，因此水平面上的太阳直接辐射强度为：

$$I_b = I_n \sin h = I_n \cos \theta_z$$

式中，I_b 为水平面上太阳直接辐射强度，h 为太阳高度角，θ_z 为太阳天顶角。

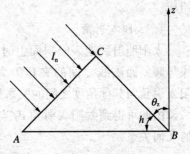

图 1.9 水平面上的太阳直接辐射

代入前式得

$$I_b = rI_{sc} p_m^m \sin h$$

将上式从日出至日落对时间进行积分，可得水平面上直接辐射日总量为：

$$H_b = \int_0^t rI_{sc} p_m^m \sin h \, dt = rI_{sc} \int_0^t p_m^m \sin h \, dt$$

$$= rI_{sc} \int_0^t p_m^m (\sin \phi \sin \delta + \cos \phi \cos \delta \cos \omega) \, dt$$

上式中 dt 若改用时角 ω 表示 $dt = \frac{T}{2\pi} d\omega$，则改为

$$H_b = \frac{T}{2\pi} rI_{sc} \int_{-\omega_s}^{\omega_s} p_m^m (\sin \phi \sin \delta + \cos \phi \cos \delta \cos \omega) \, d\omega$$

式中，T 为昼夜时长，(24 h, 1440 min, 86400 s)，ω_s 为日出、日落时角。

实际上，由于 p_m^m 很复杂，不便直接积分，通常是按一个小时、一个小时计算，而每个小时内的直接太阳辐射总量可根据其平均太阳高度角查表通过计算求得。知道了日总量，月总量和年总量也就可通过计算求得。

5. 水平面上的散射辐射强度

晴天时，到达地表水平面上的散射辐射强度，主要取决于太阳高度角和大气透明度，可用下式表示

$$I_d = c_1 (\sin h)^{c_2}$$

式中，I_d 为散射辐射强度，c_1、c_2 为经验系数。

6. 水平面上的太阳总辐射强度

水平面上的太阳总辐射强度为到达地表水平面上的太阳直射辐射强度和散射辐射强度之和，即

$$I = I_b + I_d$$

1.2.3 地球表面倾斜面上的太阳辐射

一般气象站提供的是水平面上的太阳辐照量，而在实际光伏系统应用中，采光面通常是倾斜放置的，因此需要算出倾斜面上的太阳辐照量，地球表面倾斜面上的太阳辐照量由太阳直射辐照量、散射辐照量和地面反射辐照量三部分组成。

1. 太阳入射角

太阳照射到地表倾斜面上时，定义太阳入射线与倾斜面法线之间的夹角为太阳入射角。太阳入射角与其他角度之间的关系如图 1.10 所示。

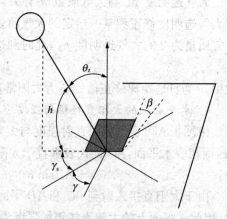

图 1.10 太阳入射角与其他角度之间的关系

由此可得到太阳入射角 θ_T 与其他角度之间的几何关系：

$$\cos \theta_T = \sin \delta \sin \phi \cos \beta - \sin \delta \cos \phi \sin \beta \cos \gamma + \cos \delta \cos \phi \cos \beta \cos \omega \\ + \cos \delta \sin \phi \sin \beta \cos \gamma \cos \omega + \cos \delta \sin \beta \sin \gamma \sin \omega$$

及

$$\cos \theta_T = \cos \theta_z \cos \beta + \sin \theta_z \sin \beta \cos(\gamma_s - \gamma)$$

式中，θ_T 为太阳入射角，θ_z 为太阳天顶角，ϕ 为当地纬度，γ_s 为太阳方位角，β 为斜面倾角，γ 为斜面方位角，对于北半球朝向赤道（$\gamma = 0°$）的倾斜面，可得到

$$\cos \theta_T = \cos(\phi - \beta) \cos \delta \cos \omega + \sin(\phi - \beta) \sin \delta$$

对于南半球朝向赤道（$\gamma = 180°$）的倾斜面，可得到

$$\cos \theta_T = \cos(\phi + \beta) \cos \delta \cos \omega + \sin(\phi + \beta) \sin \delta$$

2. 倾斜面上的太阳直接辐射强度

如图 1.11 所示，地表倾斜面上的太阳直接辐射强度

$$\begin{aligned} I_{T,b} &= I_n \cos \theta_T \\ &= I_n [\cos(\phi \mp \beta) \cos \delta \cos \omega + \sin(\phi \mp \beta) \sin \delta] \end{aligned}$$

θ_T 为倾斜面上太阳光线的入射角，式中北半球朝向赤道的倾斜面取"-"号，南半球朝向赤道的倾斜面取"+"号。

倾斜面和水平面上太阳直接辐射强度之比 R_b 为：

$$R_b = \frac{I_{T,b}}{I_b} = \frac{I_n \cos \theta_T}{I_n \cos \theta_z} = \frac{\cos \theta_T}{\cos \theta_z}$$

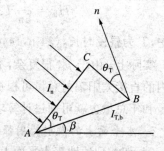

图 1.11 地表倾斜面上的太阳直接辐射

$$R_b = \frac{\cos(\phi \mp \beta)\cos\delta\cos\omega + \sin(\phi \mp \beta)\sin\delta}{\sin\phi\sin\delta + \cos\phi\cos\delta\cos\omega}$$

3. 倾斜面上的天空散射辐射强度

散射辐射强度的计算方法有 Ray 异质分布模型、Liu-Jordan 模型、Page 模型、Alfonso Soler 模型以及 Iqbal 模型等，其中 Ray 异质分布模型更接近实际情况，该模型认为：倾斜面上天空散射辐射量是由太阳光盘的辐射量和其余天空穹顶均匀分布的散射辐射量两部分组成，其计算公式为：

$$I_{T,d} = I_d \left[\frac{I_b}{I_o} R_b + \left(1 - \frac{I_b}{I_o}\right) \frac{(1+\cos\beta)}{2} \right]$$

式中，$I_{T,d}$ 为倾斜面上的散射辐射强度，I_d 为水平面上散射辐射强度，I_o 为大气层外水平面上太阳辐射，β 为倾斜面的倾角，R_b 为倾斜面和水平面上太阳直接辐射强度之比。

4. 地面反射辐射强度

假设地面反射是各向同性的，利用角系数的互换定律，可得到

$$I_{T,r} = \rho \frac{(1-\cos\beta)}{2}(I_d + I_b) = I\rho\frac{(1-\cos\beta)}{2}$$

式中 I 为水平面上太阳总辐射强度，ρ 为地面反射率，与地表覆盖状况有关，不同地物表面的反射率见表 1.3，一般情况下，可取 $\rho=20\%$。β 为倾斜面的倾角。

表 1.3 不同地物表面的反射率（%）

地面类型	反射率	地面类型	反射率	地面类型	反射率
积雪	70—85	浅色草地	25	浅色硬土	35
沙地	25—40	落叶地面	33—38	深色硬土	15
绿草地	16—27	松软地面	12—20	水泥地面	30—40

5. 地表倾斜面上的月平均太阳辐射量

根据 Liu 和 Jordan 在 1962 年提出的天空各向同性模型，对于确定地点，知道全年各月水平面上平均太阳辐射资料（总辐射量、直接辐射量或散射辐射量）后，便可以算出不同倾角的斜面上全年各月平均太阳辐射日总量。根据 Klein 提出的计算方法，倾斜面上的太阳辐射月平均日总量 $\overline{H}_t$ 由倾斜面上月平均日直接太阳辐射量 $\overline{H}_{bt}$、天空散射辐射量 $\overline{H}_{dt}$ 和地面反射辐射量 $\overline{H}_{rt}$ 三部分组成，即

$$\overline{H}_t = \overline{H}_{bt} + \overline{H}_{dt} + \overline{H}_{rt}$$

$\overline{R}_b$ 为倾斜面和水平面上太阳日直接辐射量之比的月平均值，对于北半球朝向赤道的倾斜面上，可简化为：

$$\overline{R}_b = \frac{\cos(\phi-\beta)\cos\delta\sin\omega_s' + \left(\frac{\pi}{180}\right)\omega_s'\sin(\phi-\beta)\sin\delta}{\cos\phi\cos\delta\sin\omega_s + \left(\frac{\pi}{180}\right)\omega_s\sin\phi\sin\delta}$$

式中，ω_s' 为倾斜面上各月代表日的日落时角，ω_s 为水平面上各月代表日的日落时角。

ω_s' 由下式确定

$$\omega'_s = \min\{\omega_s, \arccos(-\tan(\phi-\beta)\tan\delta)\}$$

对于天空散射,采用 Hay 模型,Hay 模型认为倾斜面上天空散射辐射量是由太阳光盘的辐射量和其余天空穹顶均匀分布的散射辐射量两部分组成,可表示为:

$$\overline{H}_{dt} = \overline{H}_d \left[\frac{\overline{H}_b}{\overline{H}_o} \overline{R}_b + \left(1 - \frac{\overline{H}_b}{\overline{H}_o}\right) \frac{(1+\cos\beta)}{2} \right]$$

式中,$\overline{H}_b$ 和 $\overline{H}_d$ 分别为水平面上月平均日直接辐射量和日散射辐射量。$\overline{H}_o$ 为大气层外水平面上月平均太阳辐射日总量,其计算公式为:

$$\overline{H}_o = \frac{24 \times 3600}{\pi} I_{sc} \left[1 + 0.033\cos\left(\frac{2\pi n}{365}\right) \right] \left[\frac{\pi\omega_s}{180}\sin\phi\sin\delta + \cos\phi\cos\delta\cos\omega_s \right]$$

故倾斜面上的月平均太阳辐射日总量为:

$$\overline{H}_t = \overline{H}_b \overline{R}_b + \overline{H}_d \left[\frac{\overline{H}_b}{\overline{H}_o} \overline{R}_b + \left(1 - \frac{\overline{H}_b}{\overline{H}_o}\right) \frac{(1+\cos\beta)}{2} \right] + \frac{1}{2}\rho\overline{H}(1-\cos\beta)$$

1.2.4 太阳辐射能的测量

在太阳能光伏系统设计时,需要掌握系统安装地点太阳辐照情况的详细记录,包括直接辐射和散射辐射数据、环境温度、环境湿度风速和风向等等。最常使用的数据是水平面太阳辐射日总量的平均值,使用的测量仪表有天空辐射计、散射辐射计、棒移式总辐射计、直接辐射计和日照时数计等。

1. 天空辐射计

又称太阳表,记录在全天空 2°视场内,投射到水平面上的全波长辐射,必须远离高的物体,如埃普雷总辐射仪等,里面采用一圆形的盘,交叉地涂布铂黑和镁白,盘由一至二层圆拱形的玻璃罩保护。通过内环吸收太阳辐射,在黑区和白区不同的温度被多重热电偶探测,输出电压作为测量信号,推算出太阳总辐射强度。

2. 散射辐射计

该仪器是在天空辐射计上用特制的圆盘或遮日环挡去太阳直接辐射,可直接测量散射辐射。而用标准天空辐射表减去它的读数,就是直接辐射。

3. 棒移式总辐射计

棒移式总辐射计是标准天空辐射计与影环式辐射计的巧妙结合,用棒的阴影每隔几秒钟经过传感器,遮挡直接辐射,引起记录值下降,可测量直接辐射及散射辐射与时间的关系。

4. 直接辐射计

该仪器视场很小,约为 6°,连续跟踪太阳,测量直接辐射。

5. 日照时数计(日长计)

早期测量太阳辐射延续时间的方法是用透镜聚焦烧穿纸记录日照时间。

1.3 全球和中国太阳能资源分布

除中国以外,非洲、澳大利亚、美国西南部等地总太阳能辐射量或日照时数都很大,这些地区很多属于第三世界发展中国家。太阳每秒钟照射到地球上的能量就相当于燃烧 500 万吨煤释放的热量,全球人类目前每年能源消费的总和只相当于太阳在 40 分钟内照射到地球表面的能量。全球太阳能源分布情况如下:太阳能源最丰富地区为:阿尔及利亚、印度、巴基斯坦、中东、北非、澳大利亚和新西兰;太阳能资源较丰富地区为:美国、中美和南美南部;太阳能资源丰富程度中等地区为:巴西、中国、东南亚、欧洲西南部、大洋洲、中非和朝鲜;太阳能资源丰富程度中低地区为:日本和东欧;太阳能资源丰富程度最低地区为:加拿大与欧洲西北部。

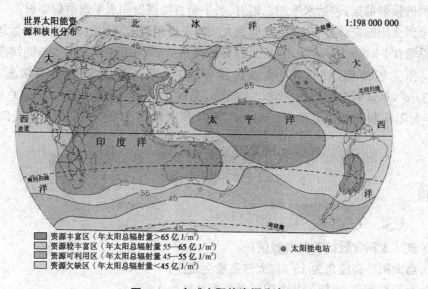

图 1.12　全球太阳能资源分布

在中国,太阳能资源非常丰富,辐射总量为每年 3340—8400 MJ/m²,平均值为每年 5852 MJ/m²,西藏、青海、新疆、甘肃、宁夏等西部地区属于高日照地区,太阳能资源尤为丰富,我国东部、南部及东北属于中等日照区,根据我国各地接收太阳辐射总能量的多少,可将全国划分为五类地区,如图 1.13 所示。

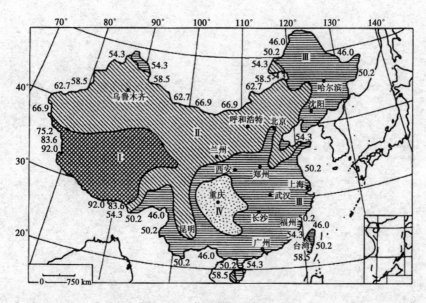

图 1.13　中国太阳能资源分布

Ⅰ类地区,非常丰富地区,地面接收太阳辐射总量大于 6700 MJ/m²;

Ⅱ类地区,丰富地区,地面接收太阳辐射总量 5400—6700 MJ/m²;

Ⅲ类地区,较丰富地区,地面接收太阳辐射总量 4200—5400 MJ/m²;

Ⅳ、Ⅴ类地区,较差地区,地面接收太阳辐射总量<4200 MJ/m²。

太阳能高值中心(青藏高原)和低值中心(四川盆地)都处在北纬 22°—35°这个条带中。太阳能辐射数据可以从县级气象分站取得,也可以从国家气象局取得,从气象局取得的数据是水平面的辐射数据,包括水平面总辐射、水平面直接辐射和水平面散射辐射。

从全国太阳能资源分布来看,我国是太阳能资源相当丰富的国家,绝大多数地区年平均日辐射总量在 4 kW·h/(m²·d)以上,西藏最高达 7 kW·h/(m²·d),与同纬度的其他国家相比,和美国类似,比日本、欧洲优越得多,青藏高原每年的太阳辐射总量高达 9200 MJ/m²,年日照总时数达 3200—3300 h,上述Ⅰ、Ⅱ、Ⅲ类地区约占全国总面积的 2/3 以上,年太阳辐射总量高达 5000 MJ/m²,年日照时数大于 2000 h,是利用太阳能的良好条件。

习 题

(1) 概述太阳常数的含义及数值。

(2) 当太阳的高度角为 45°时,大气质量为多少?

(3) 太阳高度角、赤纬角及太阳时角的含义是什么?

(4) 如何从水平面辐射量资料得到倾斜面上接收的太阳辐射量?

(5) 怎样测量太阳辐射能?

课题2　太阳电池

2.1　太阳电池的物理基础

2.1.1　半导体及其主要特性

太阳电池是一种将光能直接转换成电能的半导体器件,太阳电池材料是一类重要的半导体材料(电池材料有许多种,其中硅材料是目前使用最多的)。所以,我们应首先了解一些半导体物理知识。

固体材料按照它们导电能力的强弱,可分为导体、绝缘体和半导体三类。导电能力弱或基本不导电的物体叫绝缘体,如木材、塑料、橡胶、玻璃等,其电阻率在 10^8—10^{20} $\Omega \cdot m$ 的范围内。导电能力强的物体叫导体,如铝、银、金、铜、铁等,其电阻率在 10^{-8}—10^{-6} $\Omega \cdot m$ 的范围内。导电能力介于导体和绝缘体之间的物体叫半导体,如硅、锗、硫化镉、砷化镓等,其电阻率在 10^{-5}—10^7 $\Omega \cdot m$ 范围。半导体材料与导体和绝缘体的不同,不仅在电阻率阻值上,而且在导电性能上具有以下主要特性:

(1) 半导体材料的电阻率受杂质含量的影响极大,在纯净的半导体中掺入微量的杂质,其电阻率会发生很大变化,室温下纯硅中掺入百万分之一的硼,硅的电阻率就会从 2.14×10^3 $\Omega \cdot m$ 减少到 0.004 $\Omega \cdot m$ 左右。在同一种材料中掺入不同类型的杂质,可以得到不同导电类型的半导体材料。

(2) 半导体材料的电阻率受光、热、电磁等外界条件的影响很大。一般来讲,半导体材料的导电能力随温度升高或光照而迅速升高。即半导体的电阻率具有负的温度系数。如锗的温度从 200℃ 升高到 300℃,其电阻率将降低一半左右。一些特殊的半导体材料,在电场和磁场作用下,其电阻率也会发生变化。

2.1.2　半导体能带结构和导电性

1. 能级和能带

原子壳层模型认为,原子的中心是一个带正电的原子核,核外存在一系列不连续的由电子运动轨迹构成的壳层,电子只能在壳层里绕核转动。

在稳定状态,每个壳层里运动的电子具有一定的能量状态,一个壳层相当于一个能量等级,即能级,又叫能态。

电子在壳层的分布,满足以下两个基本原理:

(1) 泡利不相容原理。原子中不可能有两个或两个以上量子数都相等的电子处于同一运动状态中。

(2) 能量最小原理。原子中每个电子都有优先占据能量最低的定能级的趋势。

通常,电子在绕原子核运动时,每一层轨道上的电子都有确定的能量,最里层轨道相应于最低的能量,第二层轨道具有较大能量,越是外层的电子受到原子核的束缚越弱。因此,最外层电子的能量最大。可用一系列高低不同的水平线来表示电子在原子中运动所具有的能量值,即电子能级。在晶体中,原子之间距离很近,相邻原子的轨道相互重叠,相互影响,重叠、叠层的电子属于整个晶体所有,即晶体的共有化运动,导致轨道相对应的能级分裂为能量非常接近,又大小不同的许多电子能级,称为能带,每层轨道都有一个对应的能带。电子在每个能带中的分布,一般是先填满能量较低的能级,再逐步填充能量较高的能级,并且每条能级只允许填充两个具有同样能量的电子,电子在能带上的分布如图 2.1 所示。

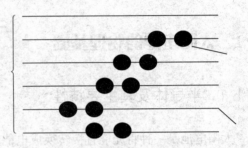

图 2.1　电子在能带上的分布

2. 禁带、价带和导带

电子不存在具有两层轨道之间的能量状态,即电子只能位于一定能带的能级上。由两个相邻能带之间,不能为电子占据的能量范围,称为禁带。即下一能带的最高能量与上一能带的最低能量之间的区域,电子导电即电子从较低能级跃迁到较高能级过程,电子能否参加导电运动,取决于能带里有无空的能级。未被电子填满的能带或空带称为导带,已被电子填满的能带称为满带或价带。价电子要从价带越过禁带跃迁到导带参加导电运动,必须从外界获得一个至少等于 E_g 的附加能量,E_g 就是导带底部与价带顶部之间的能量差,称为禁带宽度或带隙,单位为 eV,如硅的禁带宽度为 1.119 eV。E_g 又可表示为

$$E_g = E_C - E_V \qquad (2-1)$$

众所周知,金属不存在禁带,绝缘体的禁带宽度较大,在 5—10 eV,其电阻率很大;半导体的禁带宽度较窄,在 0.2—4 eV。室温下,会有一定数量的电子从价带跃迁到导带上,这些电子在外电场作用下会导电。金属、半导体和绝缘体的能带图如图 2.2 所示。

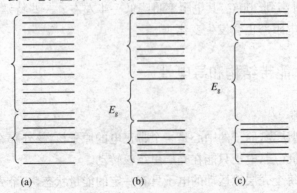

图 2.2　金属、半导体和绝缘体的能带图

2.1.3 本征半导体、杂质半导体

晶体完整且不含杂质的半导体,称为本征半导体;绝对纯净的硅称为本征硅。半导体在 0 K 时电子填满价带,导带是空的,不能导电,这是一个特例。在一般情况下,由于温度影响,价电子在热激发下有可能克服原子的束缚而跳跃出来使其价键断裂,在整个晶体中活动,同时在价键中留下一个空位,称为空穴,空穴可以被相邻满键上的电子填充而出现新的空穴。这样空穴不断被电子填充,又不断产生新的空穴,形成空穴在晶体内的移动,空穴和自由电子在晶体内的运动都是无规则的,不产生电流;在外电场作用下,自由电子将沿与电场相反运动而产生电流。因电子而产生的导电叫电子导电,因空穴而产生的导电叫空穴导电,电子和空穴叫载流子。

人为将某种杂质加到半导体材料中的过程叫掺杂。杂质半导体的性能在很大程度上取决于其所含有的杂质的种类和数量。存在多余电子的称为 N 型半导体,存在多余空穴的称为 P 型半导体。

杂质原子可通过两种方式掺入晶体结构,一是挤在基质晶体原子间的位置上,称为间隙杂质;另一种是替换基质的原子,称为替换杂质,这里所指的杂质是有选择的,其数量也是一定的。如果在纯净的硅中掺入少量 3 价元素硼,其原子只有 3 个价电子,当硼和相邻的 4 个硅原子作共价键结合时,还缺少一个电子,所以可从其中 1 个硅原子的价键中获取 1 个电子来填补,这样在硅中就产生 1 个空穴,而硼原子成为带负电的硼离子,硼原子在晶体中接受电子而产生空穴,称为受主型杂质,或 P 型杂质;半导体中的空穴数目远远超过电子数目,导电主要由空穴决定,称为空穴型或 P 型半导体。

如果在纯净的硅中掺入少量的 5 价元素磷,磷原子用它的 4 个价电子,与相邻硅原子进行共价结合,还剩 1 个价电子,只要用 0.04 eV 的能量,就可使其脱离磷原子到晶体内成为自由电子,从而产生电子导电运动,磷原子变成带正电的磷离子,磷原子在晶体中起施放电子的作用,故把磷等 5 价元素称为施主型杂质,相应的掺杂半导体称为电子型或 N 型半导体。本征半导体和杂质半导体结构示意图如图 2.3 所示。

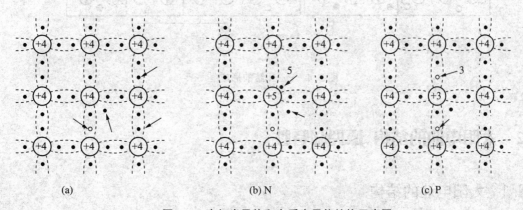

图 2.3 本征半导体和杂质半导体结构示意图

2.1.4 P—N结

在一块半导体晶体上,通过某些工艺过程,使一部分呈P型,一部分成呈N型,则称该P型和N型半导体界面附近的区域叫P—N结,在交界面处存在电子和空穴的浓度差,P型区中的多数载流子空穴要向N型区扩散,N型区中的多数载流子电子要向P型区扩散,扩散后在交界面的P区一侧留下带负电荷的离子受主,形成一个负电荷区,在交界面的N区一侧留下带正电荷的离子施主,形成一个正电荷区,这样在P型区和N型区交界面的两侧形成一侧带正电荷而另一侧带负电荷的一层很薄的区域,称为空间电荷区,即P—N结。由浓度差形成的扩散的空穴组成空穴扩散电流,由浓度差形成的扩散电子流组成电子扩散电流。在P—N结内有一个从N区指向P区的电场,它由P—N结内部电荷产生,称为内建电场或自建电场。由于内建电场的存在,在空间电荷区内将产生载流子的漂移运动,使电子由P区拉回N区,空穴由N区拉向P区,其方向与扩散运动方向相反。开始时,扩散运动占优势,空间电荷区两侧的正负离子逐渐增加,空间电荷区逐渐加宽,内建电场逐渐增强,而漂移运动也逐渐增强,扩散运动开始减弱,最后扩散和漂移的载流子数目相等而运动方向相反,达到动态平衡。达到动态平衡状态时,内键电场两边电势不等,N区比P区高,存在电势差,称为P—N结势差或内建电势差U,P区相对于N区具有电势差$-U$(取N区电势为0),P—N结的形成如图2.4所示。则P区中所有电子都有一个附加电势能,为

$$电势能 = 电荷 \times 电势 = (-q) \times (-U) = qU$$

qU称为势垒高度,它取决于P区和N区的掺杂浓度,掺杂浓度越高,势垒高度就越高。

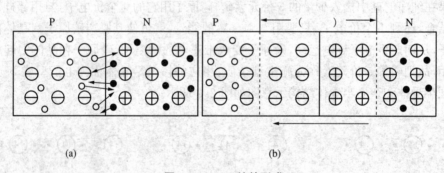

图2.4 P—N结的形成

2.2 太阳电池的结构、原理和特性

2.2.1 太阳电池的结构

太阳电池的基体材料不同,生产工艺不同,结构也不同,但是,其基本原理相同。这里以硅太阳电池为例,简述太阳电池的结构。太阳电池的基本结构就是一个大面积平面P—N结。如图2.5所示是一个N型硅材料制成的P^+/N型结构常规太阳电池的结构示意图,N

层为基体,厚度为 0.2—0.5 mm,基体材料为基区层,简称基区。N 层上面是 P 层,又称为顶区层或顶层,它是在同一块材料的表面层用高温掺杂扩散方法制得的,因而又称为扩散层,通常是重掺杂的,标为 P^+,P^+ 层的厚度为 0.2—0.5 μm。扩散层处于电池的正面,也就是光照面。P 层和 N 层的交界面处是 P—N 结,扩散层上有与它形成欧姆接触的上电极,它由母线和若干条栅线组成,栅线宽度一般为 0.2 mm 左右。母线的宽度为 0.5 mm 左右,栅线通过母线连接起来。基体下面

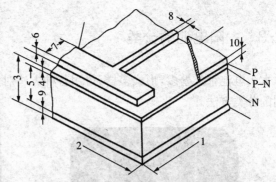

图 2.5 P^+/N 型太阳电池的基本结构
1—电池长度;2—电池宽度;3—电池厚度;4—扩散层厚度;5—基体厚度;6—上电极厚度;7—上电极母线宽度;8—上电极栅线宽度;9—下电极厚度;10—减反射膜厚度

有与它形成欧姆接触的下电极,上下电极均由金属材料制作,其功能是将由电池产生的电能引出。在电池的光照面有一层减反射膜,其功能是减少光的反射,使电池接受更多的光。

如果用 P 型硅材料做基体,则可制成 N^+/P 型太阳电池,其接构与上述相同,不过其基体材料和扩散层材料的类型与之相反。

2.2.2 太阳电池原理

太阳电池的原理是基于半导体 P—N 结的光生伏打效应将太阳辐射能直接转换成电能。所谓光生伏打效应,就是当物体受到光照时,其体内的电荷分布状态发生变化而产生电动势和电流的一种效应。当入射光照射在太阳电池上时,能量大于硅禁带宽度的光子穿过减反射膜进入硅内,在 N 区,耗尽区和 P 区激发出电子—空穴对(光生载流子)。光生电子—空穴对在耗尽区中产生后,立即被内建电场分离。光生空穴被送进 P 区,光生电子被推进 N 区。

从而使 N 区有过剩的电子,P 区有过剩的空穴,于是在 P—N 结附近就形成与势垒电场方向相反的光生电场。光生电场的一部分抵消势垒电场,其余部分使 P 型区带正电,N 型区带负电,使得 P 区与 N 区之间的薄层产生电动势,即光生电压,如在电池上、下表面做上金属电极,当接通外电路时,便有电流从 P 区经负载流至 N 区,此时就有电能的输出。这就是P—N 结接触型硅太阳电池发电的基本原理。光生伏打效应的原理示意图如图 2.6 所示。

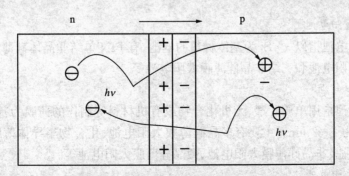

图 2.6 光生伏打效应的原理示意图

2.2.3 太阳电池的分类

太阳电池种类繁多,形式多样,可用各种方法对太阳电池进行分类。以下简单介绍一下常用的分类方法。

图 2.7 单晶硅太阳电池

图 2.8 多晶硅太阳电池

图 2.9 薄膜太阳电池

图 2.10 化合物太阳电池

1) 按照基体材料分类

1. 晶体硅太阳电池

指以硅为基体材料的太阳电池,有简单硅太阳电池、多晶硅太阳电池等。多晶硅太阳电池又可分为片状多晶硅太阳电池、筒状多晶硅太阳电池、球状多晶硅太阳电池和铸造多晶硅太阳电池等多种。

2. 非晶硅太阳电池

非晶硅太阳电池指以 $\alpha\text{-Si}$ 为基体材料的电池,有 PIN 单结非晶体硅薄膜太阳电池、双结非晶硅薄膜太阳电池和三结非晶硅薄膜太阳电池等。

3. 薄膜太阳电池

薄膜太阳电池指用单质元素、无机化合物或有机材料等制作的薄膜为基体材料的太阳电池,其厚度约为 $1—2\ \mu m$。主要有多晶硅薄膜太阳电池、化合物半导体薄膜太阳电池、纳米晶薄膜太阳电池、非晶硅薄膜太阳电池、微晶硅薄膜太阳电池等。

4. 化合物太阳电池

化合物太阳电池指用两种或两种以上元素组成的具有半导体特性的化合物半导体材料

制成的太阳电池。常见的有硫化镉太阳电池、铜铟硒太阳电池、磷化铟太阳电池、碲化镉太阳电池、砷化镓太阳电池等。

5. 有机半导体太阳电池

有机半导体太阳电池指用含有一定数量的碳碳键且导电能力介于金属和绝缘体之间的半导体材料制成的太阳电池。

2) 按照结构分类

1. 同质结太阳电池

由同一种半导体材料形成的 P—N 结称为同质结，用同质结构成的太阳电池称为同质结太阳电池，如硅太阳电池、砷化镓太阳电池等。

2. 异质结太阳电池

由两种禁带宽度不同的半导体材料形成的结构为异质结，用异质结构成的太阳电池称为异质结太阳电池，如氧化锡/硅太阳电池、砷化镓/硅太阳电池、硫化亚铜/硫化镉太阳电池等。

3. 复合结太阳电池

复合结太阳电池指由多个 P—N 结形成的太阳电池，又称为多结太阳电池，有垂直多结太阳电池，水平多结太阳电池等。

4. 肖特基太阳电池

肖特基太阳电池指利用金属—半导体界面的肖特基势垒构成的太阳电池，如铂/硅肖特基太阳电池，铝/硅肖特基太阳电池等。目前已发展成为导体-绝缘体-半导体 CIS 太阳电池。

5. 液结太阳电池

液结太阳电池指用浸入电解质中的半导体构成的太阳电池，又称为光电化学电池。

3) 按照用途分类

1. 空间用太阳电池

空间用太阳电池常见的有高效率的硅太阳电池和砷化镓太阳电池。

2. 地面用太阳电池

地面用太阳电池又可分为电源用太阳电池和消费用太阳电池。

2.2.4 太阳电池特性

1) 太阳电池的物理模型

太阳电池实际上是一个大面积平面 P—N 结二极管，在无光照时，太阳电池具有常规二极管的特性，如果施加从 P 区到 N 区的电压时，电子流从 P 区流向 N 区，可用肖特基二极管模型来表述。

$$I_0 = I_s \left[\exp\left(\frac{qU}{kT}\right) - 1 \right]$$

式中，I_0 为二极管工作电流，I_s 为二极管饱和电流，q 为电子电量，U 为施加电压，k 为玻耳兹曼常数，T 为绝对温度。

在阳光照射太阳电池情况下，太阳电池会产生光电流，如图 2.11 所示，在接通负载时，

太阳电池电流 I 为：

$$I = I_L - I_0 = I_L - I_s\left[\exp\left(\frac{qU}{kT}\right) - 1\right]$$

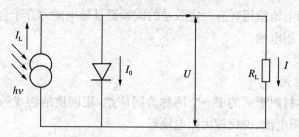

图 2.11　太阳电池的物理模型

对于实际的太阳电池，可以看作由一个能稳定地产生光电流 I_L，与之并联的有一个处于正偏压下的二极管及一个并联电阻 R_{sh}，剩余的光电流通过一个串联电阻 R_s 流出，而进入负载 R_L，为太阳电池的单二极管等效模型。其中，并联电阻 R_{sh} 是由电池边缘漏电及表面复合或耗尽区复合产生的漏电流引起的，该电流与光生电流方向相反称为暗电流，串联电阻 R_s 由太阳电池电极引起，即太阳电池材料的体电阻、电极电阻和接触电阻，考虑以上因素，实际太阳电池电流大小为：

$$I = I_L - I_s\left\{\left[\exp\left(\frac{q(U+IR_s)}{nkT}\right)\right] - 1\right\} - \frac{U+IR_s}{R_{sh}}$$

当流经负载的电流为 I 时，负载的端电压 U 为

$$U = IR_L$$

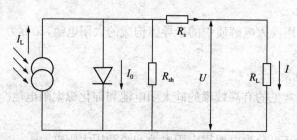

图 2.12　太阳电池等效电路

2) 太阳电池的电流—电压特性

根据上述太阳电池的物理模型，太阳电池电流密度 J_s 为

$$J_s = \frac{I_s}{A} = qN_cN_V\left[\frac{1}{N_A}\left(\frac{D_n}{\tau_n}\right)^{\frac{1}{2}} + \frac{1}{N_D}\left(\frac{D_p}{\tau_p}\right)^{\frac{1}{2}}\right]\exp\left(-\frac{E_g}{kT}\right)$$

式中，A 为 P—N 结面积，N_A、N_D 分别为受主杂质和施主杂质浓度，N_C、N_V 分别为导带和价带的有效态密度，D_n、D_p 分别为电子和空穴的扩散系数，E_g 为半导体材料的禁带宽度，τ_n、τ_p 分别为电子和空穴的少子寿命。

根据前式，可以得出太阳电池的明暗特性曲线如图 2.13 所示。图中，曲线 1 是二极管的暗伏安关系曲线，即无光照时太阳电池的曲线。曲线 2 是电池受光照后的曲线，它可由无光照时曲线向第四象限位移量得到，经过坐标变换，最后可得到常用的光照太阳电池的电流—电压特性曲线即太阳电池的 I-U 特性曲线（如图 2.14 所示）。太阳电池的电流—电压

特性曲线显示了在特定的太阳辐照度下太阳电池的电流与电压间的关系。

下面就太阳能电池的工作情况作一些分析。

当开路时,$I=0$,可得开路电压

$$U_{\text{OC}} = U_{\max} = \frac{kT}{q}\ln\left(\frac{I_\text{L}}{I_\text{s}}+1\right) \approx \frac{kT}{q}\ln\left(\frac{I_\text{L}}{I_\text{s}}\right)$$

输出功率为

$$P = IV = I_\text{s}U\left[\exp\left(\frac{kU}{kT}\right)-1\right] - I_\text{L}U$$

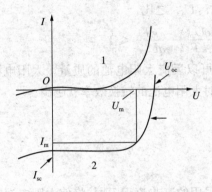

图 2.13　太阳电池的明、暗特性曲线　　　图 2.14　太阳电池的 I-V 特性曲线

由 $\partial P/\partial U = 0$ 可得最大功率的条件为

$$U_\text{m} = \frac{kT}{q}\ln\left(\frac{1+\dfrac{I_\text{L}}{I_\text{s}}}{1+\dfrac{qV_\text{m}}{kT}}\right) \approx U_{\text{OC}} - \frac{kT}{q}\ln\left(1+\frac{qU_\text{m}}{kT}\right)$$

$$I_\text{m} = I_\text{s}\left(\frac{qU_\text{m}}{kT}\right)\exp\left(\frac{qU}{kT}\right) \approx I_\text{L}\left[1 - 1/\left(\frac{qU_\text{m}}{kT}\right)\right]$$

最大输出功率为

$$P_\text{m} = I_\text{m}U_\text{m} \approx I_\text{L}\left[U_{\text{OC}} - \frac{kT}{q}\ln\left(1+\frac{qU_\text{m}}{kT}\right) - \frac{kT}{q}\right]$$

当输出端短路时,$U=0$,有短路电流 I_{SC}。I_{SC} 与太阳电池面积大小有关,同时与入射阳光的辐照度成正比。

太阳电池电流电压特性曲线上任一点可给出功率为 $P=IU$,其大小沿特性曲线变化。

3) 太阳电池效率

太阳电池的理想转换效率是指电池电功率和入射光功率的比值

$$\eta = \frac{I_\text{m}U_\text{m}}{P_{\text{in}}} = \frac{I_\text{L}\left[U_{\text{OC}} - \dfrac{kT}{q}\ln\left(1+\dfrac{qU_\text{m}}{kT}\right) - \dfrac{kT}{q}\right]}{P_{\text{in}}}$$

式中,P_{in} 为入射光功率。

太阳电池的光电转换效率是衡量电池质量和技术水平的重要参数,它与电池的结构、结特性、工作电流、材料性质和环境变化等有关。最初太阳电池的光电转换效率很低,只有 6% 左右。经过多年研究,太阳电池的制造技术已有大的突破,其光电转换效率也已成倍提高。目前太阳电池的光电转换效率见表 2.1。

表 2.1 太阳电池光电转换效率

电池	单晶硅	多晶硅	带硅	多晶硅薄膜	非晶硅（单结）	非晶硅（两结）	非晶硅（三结）	非晶硅纳米晶
实验室效率(%)	24.7	19.8	16～17.3	10～15	10	12	15.2	10
商业化效率(%)	15～17	13～15	12～14		4～6	5～7	6～8	

4）太阳电池填充因子

太阳电池的填充因子 FF 为最大输出功率 P_m 与 $I_{sc}U_{oc}$ 之比

$$FF = \frac{I_m U_m}{I_{sc} U_{oc}} = 1 - \frac{kT}{qU_{oc}}\ln\left(1 + \frac{qU_m}{kT}\right) - \frac{kT}{qU_{oc}} < 1$$

太阳电池的填充因子 FF 也是一个重要参数，它可以反应太阳电池的质量。太阳电池的串联电阻越小，并联电阻越大，填充因子就越大，此时太阳电池的转换效率就越高。

$$\eta = \frac{FF I_{sc} U_{oc}}{P_{in}}$$

5）太阳电池性能的主要影响因素

1. 晶体结构对太阳电池的影响

太阳电池在制造时，采用不同的材料和在制造中采用的工艺流程不同，将使太阳电池有不同的转换效率。

2. 辐照强度的影响

短路电流 I_{sc} 与辐照强度呈线性关系，开路电压 U_{oc} 与辐照强度成指数关系，随辐照强度增加，I_{sc} 和 U_{oc} 都会增加。

3. 温度的影响

温度对太阳电池的输出性能影响非常大，太阳电池具有负温度系数，当温度升高时，光生电源 I_L 会略有增加，U_{oc} 随温度升高却急剧下降，故太阳电池的光电转换效率随温度升高而下降。

2.3 太阳电池生产工艺

2.3.1 硅材料的制备

1. 高纯多晶硅的制备

硅是地壳中含储量最多的元素之一，仅次于氧，其含量为 26% 左右。自然界中的硅，主要以石英石的形式存在，主要成分是 SiO_2，生产太阳电池用的硅材料高纯多晶硅，是以金属硅（工业硅、石英砂）为原料，经过一系列的物理化学反应，提纯后达到一定纯度的硅材料，又称超纯硅。

高纯多晶硅的制备过程是：

首先把石英砂放在电炉中，用碳还原的方法炼得冶金硅，又称工业硅。

其次，是将纯度为 98%～99% 冶金硅的多晶体，需根据其所含的杂质原材料和制法而异进一步提纯。接着再把工业硅与氢气或氯化氢反应后得到三氯氢硅或四氯化硅，经过精馏使其纯度提高，然后通过还原剂还原为硅，在还原过程中沉积的微小硅粒形成许多晶核，并且不断长大,最后长成棒状(针状、块状)多晶体,称为高纯多晶硅。

制备的方法主要有西门子法(三氯氢硅法)、四氯化硅氢还原法和硅烷裂解法等,其中以西门子法占绝大多数。

$$SiCl_4 + 2H_2 \longrightarrow Si + 4HCl$$

其生产工艺流程如图 2.15 所示。

图 2.15　高纯多晶硅的生产工艺流程图

2. 多晶硅锭的制备

多晶硅的铸锭工艺主要有定向凝固法和浇铸法两种。

定向凝固法是将硅材料放在坩埚中熔融,然后将坩埚从热场中逐渐下降或从坩埚底部通冷源,以造成一定的温度梯度,而液面则从坩埚底部向上移动而形成硅锭,浇铸法则是将熔化后的硅液从坩埚中倒入另一模具中形成硅锭,硅料如图 2.16 所示,多晶硅铸锭炉如图 2.17 所示,生产出的多晶硅锭如图 2.18 所示。

图 2.16　硅料

图 2.17　多晶硅铸锭炉

图 2.18 多晶硅锭

图 2.19 单晶硅棒

3. 单晶硅的制备

单晶硅锭的制备方法很多,目前用于工业生产的主要还是直拉单晶法和悬浮区熔法。

直拉单晶法是将高纯多晶硅装入单晶炉的石英坩埚内加热熔化,并将晶种——籽晶引向熔融的硅液,然后,一边旋转,一边提拉,在晶核诱导下控制特定的工艺条件和掺杂技术,使单晶硅沿籽晶定向凝固,成核长大,成为单晶硅棒,目前已可制备直径达 0.4 m,重达数百公斤的大型单晶硅棒。单晶硅棒如图 2.19 所示。

悬浮区熔法又称 FZ 法,是将多晶硅棒和籽晶一起竖直固定在悬浮区熔炉上下轴间,悬浮区熔炉如图 2.20 所示,用高频线圈环绕多晶硅棒,高频线圈通电后,使硅棒内产生涡电流而加热,硅局部熔化出现悬浮熔区,及时缓慢反复移动高频线圈,同时旋转硅棒,使熔区在硅棒上定向移动,最后籽晶便长成单晶硅棒。

图 2.20 FZ 悬浮区熔炉

4. 片状硅的制备

片状硅又称带硅，是从溶体中直接生长出来，可减少切片损失。片状硅的生长方法主要有定边喂膜法，蹼状枝晶法、小角度带状生长法等。定边喂膜法，是从特制的模具中拉出筒状硅，然后用激光切割成单片硅片。蹼状枝晶法，是从坩埚里长出两条枝晶，由于表面张力的作用，两枝晶中间会长出一层如蹼状的薄膜，切去两边枝晶，即可用中间的蹼状晶制作太阳电池片。

2.3.2 太阳电池生产工艺流程

太阳电池的种类很多，其生产工艺流程也不同，这里仅介绍最常见的晶体硅太阳电池的生产工艺流程，其主要包括硅片的生产和太阳电池片的生产。

1) 晶体硅片的生产

多晶体硅片先由大块的多晶硅锭，经过破锭机变成小块多晶硅方砖，再经表面整形、定向，用多丝切割机切片，经过研磨、腐蚀、抛光、清洗等工艺，生产为成品硅片。

单晶硅片的生产过程与之相类似，不过要由单晶硅棒经过滚圆，再由内圆切割机或多丝切割机切片。

硅片的生产工艺如图2.21所示，多丝切割机如图2.22所示。

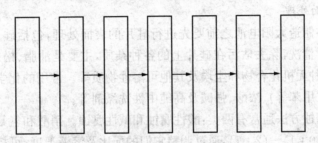

图 2.21 单晶硅片的生产工艺图

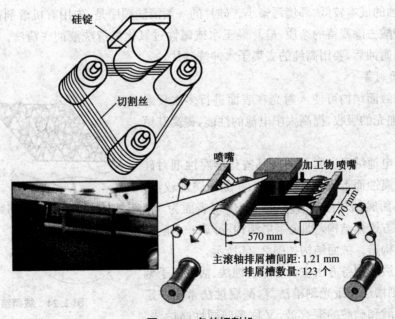

图 2.22 多丝切割机

切片是硅片加工的关键工序,其加工效率和加工质量直接关系到整个硅片生产的全局,对于切片工艺技术的要求是:

(1)切割精度高,表面平行度高,厚度公差小。

(2)断面完整性好。

(3)提高成品率,缩小刀(丝)切缝。

(4)提高切割速度,实现自动化切割。

2)太阳电池片的生产

晶体硅太阳电池的生产包括硅片表面处理、绒面制备、扩散制结、制备减反射膜和制作电极等主要工序,其生产工艺流程如图2.23所示。

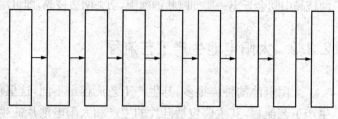

图 2.23　晶体硅太阳电池生产工艺流程

1. 硅片的选择

硅片是制造晶体硅太阳电池的基本材料,它可以由高纯度的硅棒、硅锭或硅带切割而成,硅材料的性质在很大程度上决定成品电池的性能。选择硅片时,要考虑硅材料的导电类型、电阻率、晶向、位错和寿命等。

2. 硅片的表面处理

切好的硅片在制造太阳电池之前要先进行硅片的表面处理,包括硅片的化学清洗和表面腐蚀。通过化学清洗,除去玷污在硅片上的各种杂质,主要是油脂、松香、蜡等有机物;金属、金属离子及各种无机化合物和尘埃及其他可溶性物质等。常用的化学清洗剂有高纯水、有机溶剂(甲苯、二甲苯等)、浓酸、强碱及高纯中性洗涤剂等。

硅片的表面腐蚀方法通常有两类:酸性腐蚀和碱性腐蚀。硝酸和氢氟酸的混合,硝酸和氢氟酸的配比为(10∶1)—(2∶1),通过调整它们的配比及溶液温度,可控制腐蚀的速度,可起到良好的腐蚀作用。硅可与氢氧化钠、氢氧化钾等碱性溶液起作用,生成硅酸钠,放出氢气,碱性腐蚀的成本较低、环境污染小。硅片的一般清洗顺序是:先用有机溶剂初步去油,再用热的浓硫酸去除残留的杂质,硅片经王水或碱性过氧化氢清洗液彻底清洗。在完成化学清洗和表面腐蚀后,要用高纯的去离子水冲洗硅片。

3. 绒面制备

有效的绒面结构可使入射光在表面进行多次反射和折射,增加光的吸收,提高太阳电池的性能,提高其短路电流。

单晶硅电池绒面通常是利用某些化学腐蚀剂对硅片表面进行腐蚀而形成,腐蚀剂对 100 晶面腐蚀较快,而对 111 晶面腐蚀较慢,经过腐蚀,会出现表面为 111 晶面的四面方锥体结构,即金字塔结构,形成一个陷光的表面绒面构造。绒面结构如图 2.24 所示。

多晶硅绒面制备方法主要有酸腐蚀法、活性离子刻纯法、机械刻槽法和激光刻槽法等,酸腐蚀法常用一定比例的氢氟酸和硝酸的混合液,又称多向同性腐蚀法,

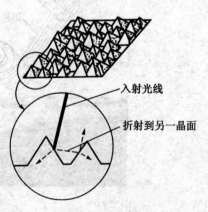

图 2.24　绒面结构

可将切片表面损伤加深加宽形成不规则的凹坑形状——绒面。激光刻槽法是利用激光来熔化硅,形成表面结构达到陷光目的。制绒设备如图2.25所示。

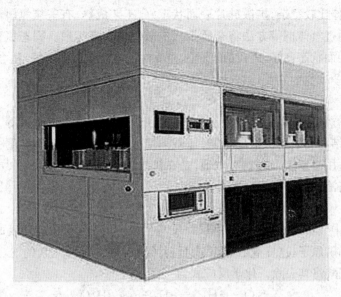

图2.25 制绒设备

制绒工艺比较复杂,不同企业有各自独特的制绒方法。通常,它的基本的工艺流程为:上料→HF+HNO_3腐蚀→QDR+氮气鼓泡+喷淋→KOH腐蚀→QDR+氮气鼓泡+喷淋→HCl腐蚀→QDR+氮气鼓泡+喷淋→下料→离心机甩干(离线)。实现槽体的快速注入与排放是由设备安装在槽体底部的快排阀、DI注入孔(包括氮气鼓泡)及顶部左右两侧的DI喷嘴来进行的。流程中快排冲洗槽(QDR)的工作过程由独立专用控制器保证。它包括工艺时间、冲洗次数设置、工作完成提示以及过程中的故障报警、状态提示等功能。操作中使用到的化学添加剂有两种,一种是IPA(异丙醇),另一种是工业酒精。目前国内的清洗制绒设备已达到了国际先进水平,体现在以下方面:全程PLC控制,触摸屏操作;采用新型匀液及风道设计技术,降低清洗成本,减少污物的排放;新的密封隔离技术的使用,杜绝了生产过程中的微漏,保护整体电气系统的安全;槽体配置可实现腐蚀后残留在片子上的化学液及污染颗粒的冲洗祛除功能;大多采用机械手方式移动,工艺时间可以自行调节;酸碱槽具有自动补液装置,可实现无间断生产;整个清洗、制绒过程中使用环保的清洗制绒液,降低了后续处理成本;最重要的是融合热氮烘干功能,取代甩干机,大大降低了碎片率。前述工艺技术是以槽式机为主,在湿法制绒(连续式)及等离子(干法)制绒机方面国内正在研发,试验工艺已取得一定进展。

4. 扩散制结

制结就是在一块基体材料上生成不同导电类型的扩散层,形成PN结,主要有热扩散、离子注入、外延、合金、激光和高频注入等方法。

图2.26 扩散设备

通常多利用热扩散法制结,热扩散法又可分为涂布源扩散、液态源扩散、固态氮化硼源扩散法扩散,热扩散法通常在扩散炉内进行。其中,涂布源扩散法设备简单,操作方便,液态源扩散设备和操作比较复杂,扩散硅片表面状态好,工艺成熟,有三氯氧磷液态源和硼液态源扩散等方式,通过气体携带方法将杂质带入扩散炉内实现扩散。固态氮化硼源扩散设备简单,扩散硅片表面状态良好,PN结面平整,重复性比液态源扩散更好,适合于大批量生产。扩散设备如图 2.26 所示。

5. 去除背结

去除背结的方法主要有化学腐蚀法、磨片法和丝网印刷铝浆烧结法等。化学腐蚀法是用腐蚀液腐蚀背结和周边的扩散层,同时掩蔽前结。磨片法是用金刚砂磨去背结。丝网印刷铝浆烧结法,适用于制造 N^+/P 型电池,是在扩散硅片背面丝网印刷一层铝,烧结后成为合金,降温后可将液相中的硅重新凝析出来。

6. 去磷硅玻璃

在扩散过程中,$POCl_3$(三氯氧磷)与 O_2 反应生成 P_2O_5 沉积在硅片表面,P_2O_5 与 Si 反应又生成 SiO_2 和磷原子,这样就在硅片表面会形成一层含有磷元素的 SiO_2 称为磷硅玻璃(PSG),可用氢氟酸将其去除。化学反应式为

$$SiO_2 + 6HF \longrightarrow H_2SiF_6 + 2H_2O$$

该工艺所用设备为去磷硅玻璃槽式清洗机。

使用化学腐蚀法,也就是把硅片放在氢氟酸溶液中浸泡,使其产生化学反应生成可溶性的络合物六氟硅酸,以去除扩散制结后在硅片表面形成的一层磷硅玻璃(PSG)。去磷硅玻璃的设备去磷硅玻璃槽式清洗机,一般由本体、清洗槽、伺服驱动系统、机械臂、电气控制系统和自动配酸系统等部分组成,主要动力源有氢氟酸、氮气、压缩空气、纯水,热排风和废水。国产去除 PSG 设备关键件大多采用进口件,产能约在 1800—2400 片/h(大多适合于 25—30 MW 生产线)。

7. 制备减反射膜

为减少硅表面对光的反射,提高对光的吸收率,可在硅片表面蒸镀上一层减反射膜。制作减反射膜的材料有二氧化硅、二氧化钛和氮化硅等,其中二氧化硅膜工艺成熟、制作简便较常用。制备减反射膜的方法主要有真空镀膜和离子镀膜法、喷涂法、溅射法、等离子体增强化学气相沉积(PECVD)法等。其中采用 PECVD 法在硅表面沉积氮化硅薄膜在工业生产中大量使用。

8. 制作上、下电极

制作电极的方法主要有真空蒸镀法、化学电镀法、丝网印刷法以及银浆、铝浆印刷烧结等,丝网印刷机如图 2.27 所示,其中真空蒸镀法和化学电镀法是早期制作电极的方法,工艺成本高、耗能大,银浆、铝浆印刷烧结法是目前硅太阳电池工业化生产,大量采用的工艺方法。

制作电极的金属材料主要有铝、钛、银、镍等。通常把制作在太阳电池光照面的电极称为上电极,制作在电池背面的电极称为下电极或背电极。上电极通常制成窄细的

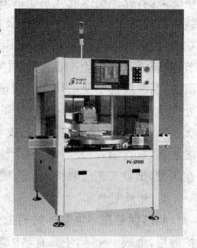

图 2.27 丝网印刷机

栅线状,利于对光生电流的收集,下电极则布满电池的背面,以减少电池的串联电阻。丝网印刷的方法是用涤纶薄膜制成所需电极的图形,最后在真空和保护气氛中烧结,形成牢固的接触电极。将印刷好的电池在快速烧结炉中高温烧结,可使正面银浆穿透减反射膜,与发射区形成欧姆接触。背面铝浆穿透磷扩散层,与P型衬底产生欧姆接触,形成一个背电场。

9. 检验测试

太阳电池制作完成后,通常要用测量仪器测量其性能参数,并按其电流和功率大小进行分类,根据电池效率每0.4或0.5分级包装。一般要测量的参数有:开路电压、短路电流、填充因子、峰值功率、最佳工作电压和最佳工作电流、转换效率以及伏安特性等等。太阳电池的测试仪器主要由光源、箱体及电池夹持机构、测量仪表和显示部分等组成。在测量大面积太阳电池时必须使用开尔文电极,以保证测量的精度。太阳电池检测界面如图2.28所示,太阳电池检测分选机如图2.29所示。

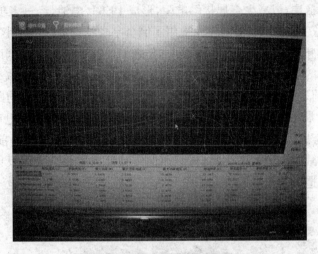

图2.28 太阳电池检测界面

图2.29 太阳电池检测分选机

2.4 太阳电池的发展

随着许多新工艺、新技术的引入使太阳电池的光电转换效率大大提高,生产成本逐渐降低。人们采用各种电池结构和技术来改进太阳电池性能,如背表面场、浅结、氧化膜钝化等。

其中较为典型的有高效晶体硅太阳电池和薄膜太阳电池两种。

2.4.1 高效晶体硅太阳电池

1) 单晶硅高效太阳电池

当前已开发的具有代表性的单晶硅高效太阳电池有:澳大利亚新南威尔士大学的钝化发射区太阳电池 PERC、PESC、PERL、PERT 等,刻槽埋栅电池 BCSC 和 ISFH,太阳系统研究所的 OECO 太阳电池等。

钝发射区太阳电池 PESC 采用了 V 型减反槽技术,降低发射极横向电阻,而钝化发射区和背面电池 PERC 的关键技术是铝背面吸杂。

赵建华教授在 PERC 电池结构和工艺的基础上进行工艺创新,即在电池的背面接触点下增加一个浓硼扩散层,以减少金属接触电阻,形成 PERL 电池,经过多项改进,PERL 电池的效率达到 24.7%。PERL 电池的表面采用了倒金字塔结构进一步减小光在前表面的反射并更有效地将进入硅片的光限制在电池之内;硅表面硼掺杂的浓度较低以减少表面的复合和避免表面"死层"的存在;前后表面电极下面局部采用高浓度扩散以减小电极区复合并形成好的欧姆接触;前表面电极很窄(只有 20 微米宽)以及电极条之间的距离变窄使得前表面遮光面积降低到最小并减少 N-型区横向导电电阻的损失;前表面电极采用更匹配的金属,如钛、钯、银的金属组合以进一步减小电极与硅的接触电阻;电池的前后表面采用 SiO_2 和点接触的方法以减少电池的表面复合;利用两层减反射膜将前表面反射降到最低。目前这种电池技术是制造实验室高效太阳能电池的主要技术之一,25% 的电池就是由此技术制造的。

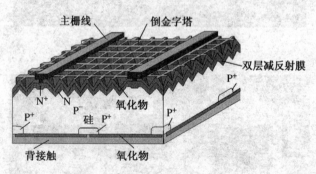

图 2.30 高效 PERL 太阳电池示意图

刻槽埋栅电极太阳电池是在发射结扩散后,用激光在前面刻出一沟槽,将槽清洗后进行浓磷扩散,然后在槽内镀上金属电极。OECO 太阳电池基于金属—绝缘体—半导体(MIS)接触,利用表面沟槽形貌的遮掩在极薄的氧化隧道层上倾斜蒸镀低成本的铝作为电极,无需光刻和其他高温工艺,并且可一次性蒸镀大批量的电池电极。

2) 多晶硅高效太阳电池

多晶硅太阳电池的显著特点是制作成本较低,目前多晶硅高效太阳电池发展较快,其中有代表性的有美国 GeorgiaTech 电池和澳大利亚 UNSW 太阳电池等。

美国佐治亚州理工大学应用电阻率为 0.0065 Ω·m、厚度为 28 μm 的热交换法多晶硅片制作太阳电池,N^+ 发射区的形成和磷吸杂相结合,用 lift-off 法制备 Ti/Pd/Ag 前电极,采用快速热过程制备铝背场,并加双层减反射膜。在 AM 1.5时,其电池的转换效率达到了 18.6%。

澳大利亚的 UNSW 太阳电池工艺与 PERL 电池类似,但其前表面不是倒金字塔结构,而是用光刻和腐蚀工艺制备的蜂窝结构。在 AM 1.5时,其电池的转换效率达到了 19.8%。

高效硅太阳电池的效率提高,源于钝化、背场及电极设计等技术的进步,选择高质量的硅片作衬底,是优异的结构设计和先进制造技术的完美结合。钝化可减弱复合,提高电池效率。钝化方式有热氧钝化,原子氢钝化或利用硼、磷、铝表面扩散进行钝化等,氢钝化法可利用氢原子中和硅体内的悬挂键,采用离子注入或等离子体处理。热氧钝化是最普遍、最有效的一种方式,在电池的正面和背面形成氧化硅膜,可以有效阻止载流子在表面的复合。使用 PECVD 法在更低的温度下进行表面氧化,也具有一定的效果。高效硅太阳电池一般采用光刻倒置金字塔结构和化学腐蚀制绒面,并且在电池表面蒸镀单层或双层减反射膜,提高光生电流密度。增加背电场也是提高太阳电池制备的有效途径,制作背电场的方法有蒸铝烧结、浓硼或浓磷扩散等,其中在电池背面采用定域扩散制背场较好,既产生了内电场,又减少了电极与基体的接触面积。

2.4.2 薄膜太阳电池

薄膜太阳电池由沉积在玻璃、塑料或薄膜上的很薄的半导体膜构成,可节省电池材料,降低成本。薄膜太阳电池主要有多晶硅薄膜太阳电池,非晶硅薄膜太阳电池,液晶硅薄膜太阳电池和化合物半导体薄膜太阳电池、染料敏化太阳电池等。

多晶硅薄膜太阳电池,可在低温下沉积,再用激光加热晶化或固相结晶等方法形成,也可在高温下采用液相外延、区熔再结晶等方法制备。非晶硅(α-Si)薄膜太阳电池,非晶硅材料由气相沉积法形成。非晶硅薄膜电池目前是效率低,稳定性差,需进一步完善。化合物半导体薄膜电池有碲化镉薄膜太阳电池和铜铟硒及铜铟镓硒太阳电池等,它们都需进一步完善生产工艺去降低成本,减少污染。

微晶硅(nc-Si)薄膜太阳电池以微晶硅为底,可提高太阳电池的光谱响应范围,从而提高电池的光电转换效率,同时其光吸收系数高,性能稳定,并且可以在廉价衬底材料上制备。

目前世界上正在开展第三代高效电池的研究,主要有 Tandem 电池、热载流子电池、热光伏电池、Si/Ge 薄膜电池和纳米复合薄膜太阳电池等。研究的重点是如何收集由价带跃迁到高层导带的载流子,它将会对整个太阳电池领域的发展起到引领作用。

2.5 实训1 太阳能电池发电原理实训

一、实训目的
了解太阳能电池发电原理。

二、实训设备

序号	名称	备注
1	太阳电池板	实验科研平台已配好 20 W
2	数字万用表	
3	可调负载(可变电阻箱)	
4	不透光、足够大的遮挡板	

三、实训原理

太阳电池是一种以 PN 结上接收太阳光照产生光生伏特效应为基础,直接将太阳光的辐射能量转化为电能的光电半导体薄片,它只要一受到光照,瞬间就可输出电压及电流。其原理是:当太阳光照射到半导体表面时,半导体内部 N 区和 P 区中原子的价电子受到太阳光子的冲击,获得超脱原子束缚的能量,由此在半导体材料内形成非平衡状态的电子—空穴对。少数电子和空穴,或自由碰撞,或在半导体中复合恢复平衡状态。其中复合过程对外不呈现导电作用,属于光伏电池能量自动损耗部分。一般大多数的少数载流子由于 PN 结对少数载流子的牵引作用而漂移,通过 PN 结到达对方区域,对外形成与 PN 势垒电场方向相反的光生电场。一旦接通电路就有电能对外输出。

太阳电池是由 P 型半导体和 N 型半导体结合而成, N 型半导体中含有较多的空穴,而 P 型半导体中含有较多的电子。当 P 型和 N 型半导体结合时,在结合处会形成势垒电势,如图 2.31 所示。

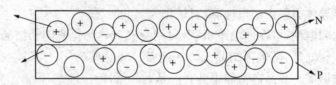

图 2.31 太阳电池板未受光照状态

电池板在受光照过程中,带正电的空穴向 P 型区漂移,带负电子的电子向 N 型区漂移, PN 结形成与势垒电场相反的光电电场,并随着电子和空穴不断移动而增强,如图 2.32 所示。

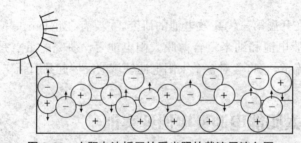

图 2.32 太阳电池板开始受光照的载流子流向图

一段时间后,电子和空穴的漂移和自由扩散达到平衡,光电电场最终达到饱和。在接上连线和负载后,电子从电池板的 N 型区流出,通过负载流向 P 型区,就形成电流,如图 2.33 和 2.34 所示。不同光强下光伏器件的伏安特性如图 2.34 所示。

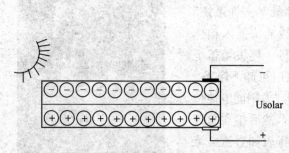
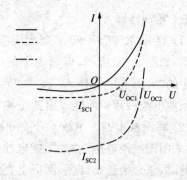

图 2.33　太阳电池板受光照一段时间后的电流图　　图 2.34　不同光强度下光伏器件的伏安特性

四、太阳能电池板关键参数

（1）**短路电流**（I_{sc}）　当太阳能电池两端是短路状态时进行测定的电流。该电流随光强

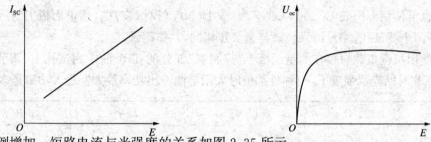

度按比例增加。短路电流与光强度的关系如图 2.35 所示。

图 2.35　短路电流 I_{sc} 与光强度 E（照度）的关系　　图 2.36　开路电压 U_{oc} 与光强度 E（照度）的关系

（2）**开路电压**（U_{oc}）　太阳能电池电路将两端负荷断开后测量的电压,称为开路电压。该数值随光强度按指数函数规律增加,其特点是在低光强度值时,仍保持一定的开路电压。开路电压与光强度的关系如图 2.36 所示。

（3）**曲线因数（填充因子）**（FF）　在实际情况中,PN 结在制造时由于工艺原因而产生缺陷,使太阳能电池的漏电流增加。为了考虑这种影响,常将伏安特性加以修正,将特性的弯曲部分曲率加大。一定光强下输出功率随电压的变化规律以及光电流随电压的变化规律如图 2.37 所示。

$$FF = I_{pmax}U_{pmax}/I_{sc}U_{oc} = P_{max}/I_{sc}U_{oc}$$

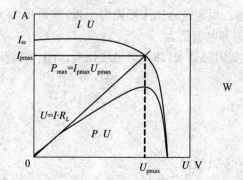

图 2.37　一定光强下太阳电池的 I-U 和 P-U 特性

五、实训步骤

(1) 打开"KNTS-20W型太阳能电源教学实训系统"实验箱,如图2.38所示,将箱盖上的电缆线插头插入箱体面板上的"太阳能电池输入"插座,旋紧螺母。再将箱盖上的太阳能电池板置于阳光直射的位置,必要时可卸下箱盖。

(2) 将面板上的3个钮子开关分别拨向"太阳能电池检测"、"太阳能电池电压"、"太阳能电池电流",然后接通总开关。此时,总开关指示灯亮,面板上直流电压表和直流电流表均通电工作,直流电压表的示值就是太阳能电池板的开路电压,记录此电压。在设备的"TP1测试点"上短接可调负载,在负载为0时测量太阳能电池的短路电流,记录此电流。

图2.38 KNTS-20W型太阳能电源教学实训系统实验箱

(3) 也可使用万用表DC200V(数字表)或DC50V(模拟表)挡,测量面板上"控制器"部分的TP1两个测试孔,测量结果应该与第2步相同,并作记录。

(4) 使用可调负载短接在测量面板上"控制器"部分的TP1两个测试孔上,调节可调负载,测量在此时的光照强度下,何种负载值时太阳电池输出功率最大?最大功率是多少?

编 号	负载/Ω	U/V	I/A	P/W
1				
2				
3				
4				
5				
6				
7				
8				

(5) 结合第2个和第4个实验的结果计算在此时太阳能电池的"曲线因数"是多少?

(6) 使用不透光的遮挡板完全遮挡太阳能电池板,然后再一次测量直流电压值,直流电流值记录太阳能电池的饱和电流值。

(7) 实验完毕,应该关闭总开关,卸下电缆线插头,合上实验箱。

习 题

(1) 概述太阳电池的发电原理。
(2) 简述太阳电池的生产工艺。
(3) 简述太阳电池今后的发展趋势是什么?
(4) 如何检测太阳电池的性能?

课题 3　太阳电池组件

单片太阳电池本身易破裂，其电极也会由于潮湿、灰尘和腐蚀性气体的侵蚀，而使其光电转换效率下降，单片(体)太阳电池的输出电压很低，只有 0.5 V 左右，输出功率仅有 1—2 W，不能满足作为电源要求，不能满足实际需求。通常将多个单体太阳电池通过机械、电气、化学等方面的保护、层压、封装成太阳电池组件，才能投入使用。太阳电池组件是指具有封装及内部连接的、能单独提供直流电输出的、最小不可分割的太阳电池组合装置。本课题将主要介绍太阳电池组件的结构、工作原理、封装材料、特性以及组件的封装工艺流程等。

3.1　太阳电池组件的分类

太阳电池组件种类繁多，可根据不同的分类标准可进行分类。

（1）按太阳电池的材料可分为：单晶硅太阳电池组件、多晶硅太阳电池组件、砷化镓组件、非晶硅薄膜太阳电池组件等，分别如图 3.1，3.2 和 3.3 所示。

（2）按封装材料及工艺可分为：层压封装太阳电池组件、硅胶封装太阳电池组件、环氧树脂封装太阳电池组件等。

（3）按与建筑物结合的方式可分为：屋顶太阳电池组件、窗檐太阳电池组件、玻璃幕墙太阳电池组件和光伏建筑一体化太阳电池组件等。

（4）按透光度可分为：透光型太阳电池组件、不透光型太阳电池组件。

（5）按封装类型可分为：刚性太阳电池组件、柔性太阳电池组件、半刚性太阳电池组件。

图 3.1　单晶硅太阳电池组件

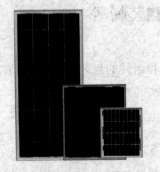
图 3.2　多晶硅太阳电池组件

图 3.3　非晶硅太阳电池组件

3.2 太阳电池组件的结构

太阳电池组件通常采用串联、并联或串、并联混合连接方式将单体电池连接在一起。选择性能一致的多个单体太阳电池连接。串联连接时,可使输出电压成比例增加,并联连接时,可使输出电流成比例增加,而串并联混合连接时,既可增加组件的输出电压又可增加组件的输出电流。

常见的晶体硅太阳电池组件的封装结构形式有如下几种:玻璃壳体太阳电池组件、底盒式太阳电池组件、无盖板的全胶密封式太阳电池组件等等,太阳电池组件结构示意图如图3.4所示。

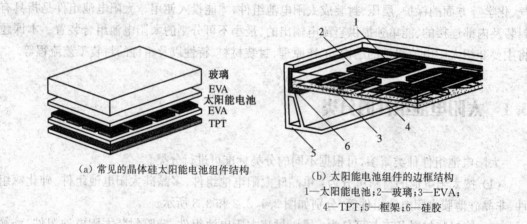

(a) 常见的晶体硅太阳能电池组件结构　　(b) 太阳能电池组件的边框结构
1—太阳能电池;2—玻璃;3—EVA;
4—TPT;5—框架;6—硅胶

图3.4　太阳电池组件结构示意图

薄膜太阳电池组件的结构有些不同,对于使用非钢化玻璃衬底的前壁型CdTe电池和大部分非晶硅电池,玻璃衬底可作为上盖板保护电池。背面可以使用任何类型的玻璃,如果有要求可以使用钢化安全玻璃。

3.3 太阳电池组件的封装材料

太阳电池组件的使用寿命和组件的封装材料、封装工艺有很大关系,其封装材料主要有上盖板、黏结剂、底板、边框等等。

3.3.1 上盖板

上盖板覆盖在太阳电池组件的正面,构成组件的最外层,要求高透光率、牢固、抗冲击力强,起到长期保护电池的作用。

上盖板的材料主要有:钢化玻璃、聚丙烯酸类树脂、透明聚酯、聚碳酸酯等等。聚碳酸酯板和透明聚酯板透光性能好,材质轻,但耐温性差,表面易刮伤,主要用于室内或小型太阳电池组件封装。

目前,低铁超白钢化玻璃是最普遍的上盖板材料,这种低铁钢化玻璃厚度一般为 3 mm 或 4 mm,在晶体硅太阳电池响应的波长范围内透光率可达 90% 以上,同时耐受太阳紫外线辐射。

3.3.2 黏结剂

黏结剂是固定电池和保证上、下盖板密合的关键材料。主要有室温固化硅橡胶、透明环氧树脂、乙烯聚酯酸乙烯酯(EVA)、聚氟乙烯(PVF)、PVB 等。

对黏结剂的要求是:
(1) 在可见光范围内具有高透光性。
(2) 具有良好的电气绝缘性能。
(3) 具有优良的气密性。
(4) 具有一定的弹性。
(5) 适用于自动化的组件封装。

室温固化硅橡胶是一种透明材料,透光率高,具有低温固化特点,可方便表面镀膜,一般要加入添加剂提高其老化性能,封装太阳电池组件的环氧树脂是双组分液体,使用时现配现用,通过添加改性可降低它的内应力,改善其耐老化性能。环氧树脂封装太阳电池组件,简单但耐老化性能不佳,一般只用于小型组件封装。

目前太阳电池组件大多采用 EVA 胶膜封装,在电池与玻璃、电池与背面之间用 EVA 胶膜黏接,EVA 胶膜是乙烯和醋酸乙烯酯的共聚物,具有透明、柔软、熔融温度低、热熔黏结性等特点,但其耐热性差,内聚强度低,易产生热收缩,而使太阳电池破裂,使黏接脱层,同时易老化。在实际使用前要对 EVA 胶膜进行改性处理,改性就是在 EVA 胶膜的制备过程中,加入能使聚合物性能稳定的添加剂,如紫外光吸收剂、热稳定剂等;另外,还要加入有机过氧化物交联剂等,以提高交联度(EVA 大分子经交联反应后达到不溶的凝胶固化的程度),避免出现太大的热收缩,最后通过加热挤出成型,制得适宜太阳电池封装用的 EVA 胶膜,EVA 胶膜在常温时无黏性,使用时要加热固化对太阳电池组件进行层压封装,冷却后产生黏结密封。

太阳电池封装用 EVA 胶膜的主要性能指标为:
① 厚度为 0.3—0.8 mm,宽度有 600 mm、800 mm、1100 mm 等多种规格。
② 透光度 ≥ 90%。
③ 交联度 ≥ 65%,剥离强度:TPT/EVA 胶膜 > 15 N/cm,玻璃/EVA 胶膜 > 30 N/cm。
④ 温度范围宽,−40—80℃范围内性能稳定,抗老化,具有较好的电气绝缘性能和耐紫外光老化和热稳定性。

聚乙烯醇缩丁醛(Polyvinyl butyral)简称 PVB,PVB 中间膜是半透明的薄膜,由聚乙烯醇缩丁醛树脂经增塑剂塑化挤压成型的一种高分子材料。外观为半透明薄膜,无杂质,表面平整,有一定的粗糙度和良好的柔软性,对无机玻璃有很好的黏结力,具有透明、耐热、耐寒、耐湿、机械强度高等特性,是当今世界上制造夹层、安全玻璃用的最佳黏合材料,同时在建筑幕墙、招罩棚、橱窗、银行柜台、太阳电池组件及各种防弹玻璃等建筑领域也有广泛的应用。

3.3.3 背面材料

太阳电池组件的背面材料,有钢化玻璃、铝合金、有机玻璃、TPT、TPE等多种选择,主要取决于应用场所和用户需求,用于太阳能庭院灯等小型太阳电池组件多用耐温塑料或玻璃板材。而大型太阳电池组件多用玻璃或 Tedlar 复合材料。

由 Tedlar 与聚酯、铝膜或铁膜等合成夹层结构,作为电池背面的保护层,具有防潮,阻燃和耐候性,用的较多的是 TPT 复合材料,它呈白色,对阳光能起反射作用,提高组件的效率,具有较高的红外反射率,可以降低组件的工作温度。

TPE 是由 Tedlar、聚酯和 EVA 三层材料构成,呈深蓝色,其耐候性不如 TPT,但价格便宜,可用于小型太阳电池组件的封装。

此外,用玻璃可制成双面透光的太阳电池组件,适用于光伏幕墙或透光光伏屋顶。

3.3.4 边框

太阳电池组件一般必须有边框,以保护组件和组件与方阵的连接固定,边框与黏结剂构成对组件边缘的密封,边框材料常采用铝合金、不锈钢、橡胶或增强塑料等。

3.3.5 其他材料

太阳电池组件的封装材料,除了上述讨论之外,还需要电池连接条、浸锡铜条、电极接线盒、接线电缆和焊锡等。

3.4 太阳电池组件的封装工艺流程

太阳电池组件的封装与工艺流程主要为:激光划片,电池片分选,组合焊接,层叠,中测,层压封装,安装边框和接线盒,性能检测。

下面将这工艺过程作一简单的描述。

3.4.1 激光划片

在光电转换效率相同时,太阳电池的功率与面积成正比,太阳电池每片工作电压约为 0.5 V 左右,将一片切成两片后,每片电压不变,通常单体太阳电池片的尺寸只有几种规格,其面积、功率不一定能满足组件需要,因此,在焊接前,一般先要切割太阳电池片。用激光切片(激光划片)切割太阳电池片前,必须先设计好切割路线,画好草图,尽量利用切割余片,以提高电池片的利用率。激光划片机如图 3.5 所示。

激光切割过程的主要步骤是:先打开激光切割机及与之相配的计算机,将要切割的太阳电池片安放在切割台上,并调整好位置,调出计算机中的切割程序,根据设计路线输入XY轴方向的行进距离(坐标改变的数值,如第一步是沿Y轴正方向前进100 mm,就选择Y轴,输入100),先进行预览,确定激光束行进路线正确后,再调节电流进行切割,在切割时一般应先用同型号相同碎太阳电池片做试验,控制切痕深度在电池片厚度的1/2—2/3,以确定合适的工作电流I,再进行正式切割。

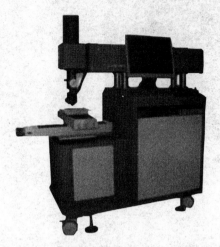

图 3.5　激光划片机

图 3.6　太阳电池单体测试分选仪

3.4.2　电池片分选

单体太阳电池片的性能参数不尽相同,如果将不同工作电流的太阳电池片串接在一起,电池串的总电流将与电池串中最小的工作电流相同,使整个组件的输出功率降低。在太阳电池组件封装前,应首先对电池片进行分选。外观分选是看颜色、栅线尺寸是否正常。生产中采用电池分选机或电池自动分拣机,将不同性能参数的太阳电池分成几档,分别装入相应的盛放盒,将性能参数相近的太阳电池片进行组合,以满足不同功率的太阳电池组件需求。太阳电池单体测试分选仪如图 3.6 所示。

3.4.3　组合焊接

分选后的太阳电池片需要通过焊接连接在一起,用互连条将太阳电池片的上下极依次进行串联焊接,形成电池串,再用汇流带进行并联焊接,最后汇成一条正极和一条负极引出来。要求焊接平直、牢固。用手沿45°左右方向轻提焊条不脱落,焊接时要把握电烙铁的温度和焊接时间,尽量一次完成,以降低碎片率。组合焊接如图 3.7 所示,规模化生产时可采用自动焊接机焊接。

焊接后一般选用万用表通过测电池电压方式检查焊接好的太阳电池是否有短路、断路等,及时发现和更换损坏的太阳电池片并修复不良焊点,最后将电池串表面和焊点清洗干净。

图 3.7 组合焊接

3.4.4 层压封装

层压前要先叠层,在布纹水白玻璃上平铺一层 EVA 薄膜,膜面上放置焊接好的电池串,再铺一层 EVA 和 TPT 薄膜。将叠层好的太阳电池组件放入层压机即可进行层压。

太阳电池层压机集真空技术、气压传动技术、PID 温度控制技术于一体,适用于晶体硅太阳电池组件的层压生产。在控制台上可以设置层压温度、抽气、层压和充气时间,控制方式有自动和手动两种。太阳电池层压机如图 3.8 所示。

层压的主要过程是:打开层压机,设置工作温度,加热到指定温度后,将太阳电池组件放入层压机并合盖。然后将层压机下室抽真空,再给上室充气加压(层压),使融融后的 EVA 在挤压和下室抽空的作用下,流动充满玻璃、电池片和 TPT 薄膜之间的间隙,同时排出中间的气泡。这样,玻璃、电池片和 TPT 就通过 EVA 紧紧黏合在一起,冷却并固化后取出,也可

图 3.8 太阳电池层压机

以在层压后放入烘箱固化。

在太阳电池组件的层压工艺中,消除 EVA 中的气泡是封装成败的关键,层叠时,进入的空气与 EVA 交联反应产生的氧气是形成气泡的主要原因,要适当调整层压时间、加热温度和抽气真空度,以消除 EVA 中的气泡,保证层压质量。

3.4.5 安装边框和接线盒

层压封装后的太阳电池组件,在去除四周多余的残留物后,便可进行装框,加上衬垫密封橡胶带,涂上密封黏合剂进行密封。可人工装框,也可用采用边框安装机自动安装。

太阳电池组件电极接线盒的安装,首选是将电池串的正、负极与接线盒的输出端相连,并用黏结剂将接线盒固定在组件背面,也可以将接线放在组件的侧面。接线盒要求防潮、密封、连接可靠、接线方便,也可采用专门的接线盒安装设备接线。太阳电池自动组框机如图3.9 所示。

图 3.9 太阳电池自动组框机

3.4.6 性能检测

太阳电池组件装好后,要按工艺标准检测组件的各项性能,国际 IEC 标准测试条件为 AM 1.5,1000 W/m^2,25℃,要求检测并列出以下参数:开路电压、短路电流、工作电压、工作电流、最大输出功率、填充因子、光电转换效率和伏安特性曲线等,同时还要进行电绝缘性能测试热循环试验,湿热湿冷实验、机械载荷实验及老化等等。太阳电池组件的性能要通过 TUV 论证,满足 CEI IEC 61215 和 IEC 61730 的标准规范要求。同时符合 GB/T 9535 - 1998《地面用晶体硅光伏组件设计鉴定和定型》标准要求。检验测试后,在组件背面贴上标签,标明产品的名称与型号,以及组件的主要性能参数等等。太阳电池组件测试仪如图3.10 所示。

图 3.10 太阳电池组件测试仪

3.5 实训2 太阳电池能量转换实验

一、实训目的

了解太阳能发电系统的构成及其能量转化过程,外部环境对太阳能电池的转换影响。

二、实训设备

序 号	名 称	备 注
1	太阳能电池板	实验科研平台已配好
2	万用表	
3	半透光、足够大的遮挡板	
4	温度计	
5	热风枪	
6	可调负载(可变电阻箱)	

三、实训原理

光伏应用系统包括光伏阵列、蓄电池、控制器和逆变器等主要部件。其构成图如下:

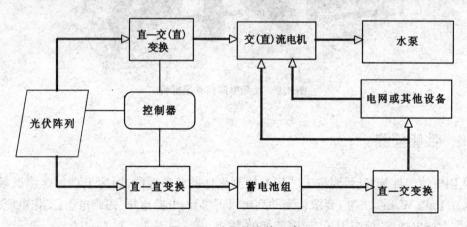

图3.11 太阳能光伏系统

光伏阵列首先把太阳光辐射能量转换为 PN 结的光生电场,通过阵列的引线把光生电场的电能以直流电能的形式传送出来。这时的直流电能电压、电流、功率等都受光伏阵列本身特性和工作环境影响,不够稳定。光伏电池的伏安特性如图 3.12 所示。

由上述可知,光伏电池的输出电压和输出电流都和负载电阻 R_L 大小有关。如图 3.13 光伏电池各个参数与负载电阻 R_L 之间的关系线所示,光伏电池的输出电流随负载电阻 R_L 的增大而非线性减小,光伏电池的输出电压随负载电阻 R_L 的增大而非线性增大,而输出功率则是有唯一最大值和极大值的曲线。只有在负载匹配的情况下 $R_L=R_M$,才能够获得最大输出功率,这时光电转换效率 η 最高。

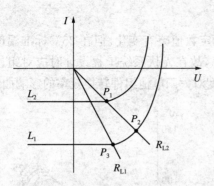
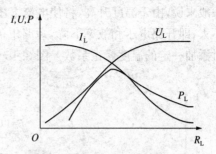

图 3.12　光伏电池的伏安特性曲线　　　图 3.13　光伏电池输出特性曲线

(1) 太阳能电池光电转换效率

$$\text{太阳能电池光电转换效率} = \frac{\text{输出电功率}}{\text{输入太阳光功率}}$$

$$\text{转换效率 } \eta(\%) = \frac{\text{最大输出功率}}{\text{日照强度} \times \text{太阳能电池受光面积}} \times 100\%$$

$$= P_{\max}[\text{kW}] / (E[\text{kW/m}^2] \times A[\text{m}^2]) \times 100\%$$

式中，A 为太阳电池受光面积，E 为日照强度，单位为 $1\ \text{kW/m}^2$。

图 3.14 和图 3.15 分别为日照强度改变时引起的电流、功率和转换效率的变化曲线。

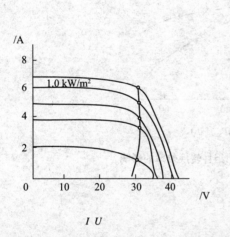
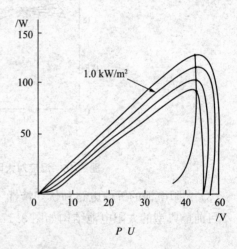

图 3.14　日照强度改变时引起的效率变化

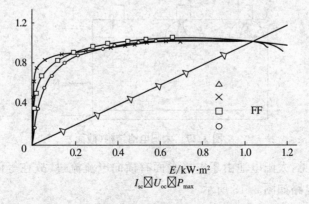

图 3.15　日照强度改变时引起的效率变化

(2)工作温度对太阳能电池伏安特性的影响

一般来说,由于温度升高,将使电流电压的额定数值略有变化,但在25℃标准温度左右变化不大,即开路电压和效率下降,短路电流升高,故在光伏系统工程设计时应对组件温度升高时添加一定的温度修正系数。图3.16为温度对太阳电池组件转换效率的影响曲线图。

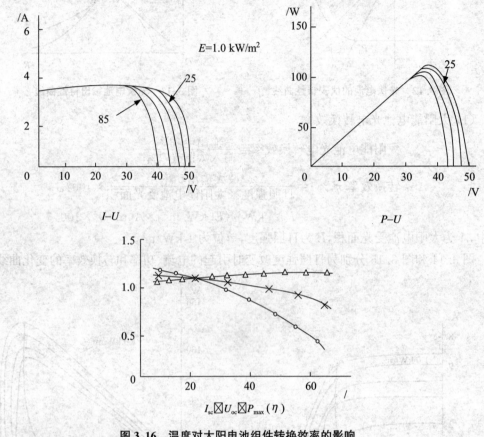

图3.16 温度对太阳电池组件转换效率的影响

(3)太阳电池的等值电路和伏安特性

目前最典型的太阳电池结构如图3.17所示。

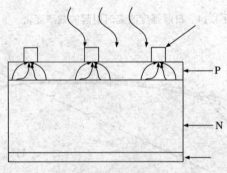

图3.17 太阳电池结构(截面)

由图3.17可见,太阳电池由于电极表面有横向电流流过,故在等值电路中应该串联一个电阻。其等效电路如图3.18所示。

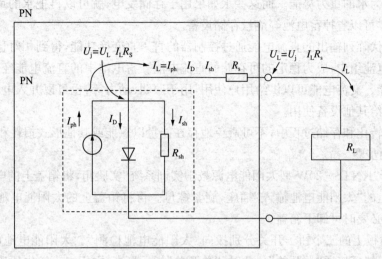

图 3.18 太阳电池的等值电路

在图 3.18 中，PN 结由 PN 结合部和串联电阻 R_s 组成，R_s 为考虑横向电流的等效电阻。用公式表示的太阳能电池发电状态的电流方程为：

$$I_L = I_{ph} - I_D - I_{sh}$$

式中，I_{ph} 为光电流，I_D 为 PN 结的正向电流，I_{sh} 为 PN 结的漏电流。

用电压表示太阳能电池等效电路的基本方程为：

$$U_j = U_L + I_L R_s$$

式中，U_j 为 PN 结合部端电压，U_L 为负荷 R_L 两端电压，I_L 为负荷电流。

$$I_L = I_{ph} - A\left[\exp\left(\frac{q}{BkT}\right)(U_L + I_L R_s) - 1\right] - \frac{(U_L + I_L R_s)}{R_{sh}}$$

式中，A 为 PN 结材料特性有关的系数，B 为与 PN 结材料特性有关的系数，k 为玻耳兹曼常数，$k = 1.38 \times 10^{-23}$ J/K，T 为绝对温度，R_{sh} 为考虑 PN 结缺陷的分路电阻，q 为电荷电量，$q = 1.602 \times 10^{-19}$ C。

$$I_{sh} = \frac{U_j}{R_{sh}}$$

$$I_D = A\left[\frac{\exp(q U_j)}{BkT} - 1\right]$$

(4) R_s 和 R_{sh} 对伏安特性的影响

① 串联电阻 R_s 的影响

当 R_s 增大时，会引起变换效率 η 降低，短路电流下降，但对开路电压的影响不大。在太阳能实际使用时需要注意：人为增加组件之间的电缆连接，可以认为是增加了串联电阻 R_s。

② 并联电阻 R_{sh} 的影响

R_{sh} 是在 PN 结生产制造过程中产生的，与外部的参数无关。R_{sh} 增大会使效率降低，但短路电流基本不变，开路电压 U_{oc} 稍有下降。

光伏阵列输出的直流电能经由控制器的直—直或直—交变换后，得到稳定的直流或交流电能，可以直接供给直流或交流电机使用，这时电能将转化为机械能，机械能用于带动水泵,从而转化为水的重力势能。而这些水如果用于存储发电,就可以再把水的重力势能转化为电能。这样可以省掉蓄电池等能量存储设备。

另外,光伏阵列输出的直流电能通过控制器的直—直变换功能,得到相对稳定的直流电能存储到蓄电池组中,成为稳定的可存储的直流电能。蓄电池中的直流电能经过逆变后,转化为交流电能。交流电能可以供给用户使用,用于照明、动力等;也可以并入电网,传送至远方;还可以供给其他设备使用。

此外,在转化和存储过程中,不可避免地存在能量以热能或其他形式损耗和流失。

四、实训步骤

(1) 打开"KNTS-20W 型太阳能电源教学实训系统"实验箱,将箱盖上的电缆线插头插入箱体面板上的"太阳能电池输入"插座,旋紧螺母。再将箱盖上的太阳能电池板置于阳光直射的位置,必要时可卸下箱盖。

(2) 将面板上的三个钮子开关分别拨向"太阳能电池检测"、"太阳能电池电压"、"太阳能电池电流",然后接通"总开关"。此时,"总开关"指示灯亮,面板上直流电压表和直流电流表均通电工作,直流电压表的示值就是太阳能电池板的开路电压,记录此电压。在"控制器"部分的"TP1"两个测试孔上接短路线,此时直流电流表的示值就是太阳能电池的短路电流,记录此电流。

(3) 使用光线照度计测量环境光强,同时测量太阳能电池的受光面积。

(4) 在实验一的基础上计算此时太阳能电池的转换效率。

(5) 使用半遮光板遮蔽太阳能电池,测量此时光线强度。计算此时太阳能电池的转换效率。

(6) 对比光线强度与转换效率(η)之间的关系,画出关系曲线。

(7) 使用热风枪,均匀的给太阳能组件加热。使温度上升到 60℃,计算此时太阳能电池的转换效率。

(8) 对比温度与转换效率(η)之间的关系,画出关系曲线。

(9) 再将三个钮子开关分别拨向"蓄电池充电"、"蓄电池电压"、"逆变器输入电流",此时"充电"指示灯亮,直流电压表显示的是蓄电池的电压,记录此电压。

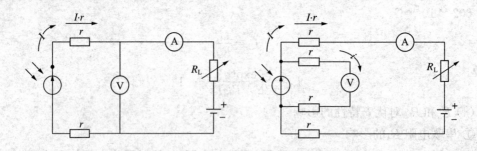

图 3.19 太阳能电池电压测量图

(10) 见图 3.19,比较两端子接线测量和四端子接线测量太阳能电池电压的差别,说明原因。

四端子接线法,其特点是电压和电流的测量采用分开的端子。由图可见,流过电压表的电流非常小,故接触电阻所产生的压降可以忽略不计,从而可以正确地测出太阳能电池的电压。

(11) 过一段时间后,再观察直流电压表的示值,会发现电压增高了,记录此电压值和所用时间,可记录几个相同时间段的电压值。以上现象说明太阳能电池板由光照产生的直流电能已经转换为蓄电池的直流电能并存储下来。将记录结果填入下表:

表 3.1 蓄电池电压表

序 号	间隔时间/分钟	蓄电池电压/V
1	10	
2	10	
3	10	
4	10	
5	10	

12. 试验完毕,应该关闭"总开关",卸下电缆线插头,合上实验箱。

3.6 实训 3 环境对光伏转换影响实训

一、实训目的
(1) 了解外部环境对太阳能电池发电的影响。
(2) 理解光照强度和角度对太阳能电池发电的影响。

二、实训设备

序 号	名 称	备 注
1	太阳能电池板	实验科研平台已配好
2	万用表	配备
3	几块材料不同、透光度不同的遮挡板	配备

三、实训原理
光伏电池的性能指标受环境多种因素如光照强度、环境温度、粒子辐射的影响,而温度和光照强度的影响往往是同时存在的。

1. 光谱响应
绝对光谱响应指当各种波长的单位辐射光能或对应的光子入射到光伏电池上,将产生不同的短路电流,按波长的分布求出对应短路电流变化曲线。分析光伏电池的光谱响应,通常须讨论其相对光谱响应,定义为:当各种波长以一定等量的辐射光子束入射到光伏电池上,所产生的短路电流与其中最大短路电流相比较,按波长的分布求其变化曲线即为相对光谱响应。

图 3.20 为某一光伏电池的相对光谱响应曲

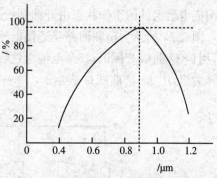

图 3.20 太阳电池的相对光谱响应曲线

线。从曲线可以看出能够产生光生伏特效应的太阳能辐射波长范围一般在 0.4—1.2 μm 左右,最大灵敏度在 0.8—0.95 μm 之间。

2. 温度特性和光照特性

光伏电池的温度特性是指：光伏电池工作环境的温度和电池吸收光子之后自身温度升高对电池性能的影响；由于光伏电池材料内部的很多参数都是温度和光照强度的函数,如本征载流子浓度、载流子的扩散长度、光子吸收系数等,光照特性就是描述硅型光伏电池的电气性能和光照强度之间的关系。图 3.21 和图 3.22 分别为不同日照 和不同温度下的伏安特性。

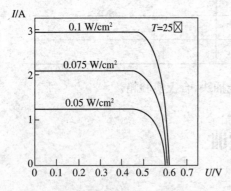 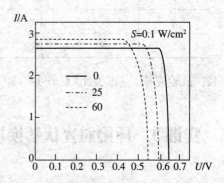

图 3.21 常温下不同日照的伏安特性　　图 3.22 参考日照不同温度下的伏安特性

下面可以太阳能电池组件工作的常见两种情况作简单分析。

在一定的条件下,一串联支路中被遮蔽的太阳能电池组件将被当作负载消耗其他被光照的太阳能电池组件所产生的能量,被遮挡的太阳能电池组件此时将会发热,这就是"热斑效应"。这种效应能严重地破坏太阳能电组件。有光照组件所产生的部分能量或所有能量,都可能被遮蔽的电池组件消耗。

图 3.23 所示为太阳能电池组件的串联回路,假定其中一块被部分遮挡,调节负载电阻 R,可使太阳电池组件的工作状态由开路到短路。

多组并联的太阳能电池组件也有可能形成热斑,图 3.24 展示了太阳能电池组件的并联回路,假定其中一块被部分遮挡,调节负载电阻 R,可使这组太阳能电池组件的工作状态由开路到短路。

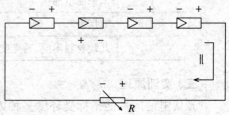

图 3.23 太阳电池组件的串联回路

图 3.25 所示为串联回路受遮挡电池组件的"热斑效应"分析。受遮挡电池组件定义为 2 号,用 $I-U$ 曲线 2 标识；其余电池组件合起来定义为 1 号,用 $I-U$ 曲线 1 标识；两者的串联方阵为组,用 $I-U$ 曲线 G 表示。

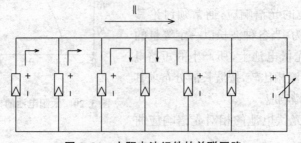

图 3.24 太阳电池组件的并联回路

接着从图 3.25 中 d、c、b、a 四种工作状态对太阳电池组成的这种回路进行分析：

(1) 调整太阳能电池组的输出阻抗,使其工作在开路(d 电),此时工作电流为 0,组开路电压 U_{Gd} 等于电池组件 1 和电池组件 2 的开路电压之和。

(2) 当调整阻抗使电池组件工作在 c 点,电池组件 1 和电池组件 2 都有正的功率输出。

(3) 当电池组件在 b 点,此时电池组件 1 仍然工作在正功率输出,而受遮挡的电池组件 2 已经工作在短路状态,没有功率输出,但也还没有成为功率的接受体,还没有成为电池组件 1 的负载。

(4) 当电池组工作在短路状态(a 点),此时电池组件 1 仍然有正的功率输出,而电池组件 2 上的电压已经反向,电池组件 2 成为电池组件 1 的负载,如不考虑回路中串联电阻,此时电池组件 1 的功率全部加到了电池组件 2 上,如果这种状态持续时间很长或电池组件 1 的功率很大,就会在被遮挡的电池组件 2 上造成热斑损伤。

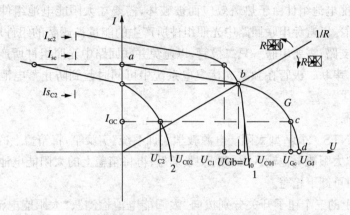

图 3.25　串联回路受遮挡太阳电池组件的"热斑效应"分析

(5) 应当注意到,并不是仅在电池组处于短路状态才会发生"热斑效应",从 b 点到 a 点的工作区间,电池组件 2 都处于接受功率的状态,这在实际工作中会经常发生,如旁路型控制器在蓄电池充满时将通过旁路开关将太阳能电池组件短路,此时就很容易形成热斑。

图 3.26 为并联回路受遮挡电池组件的"热斑效应"分析。受遮挡电池组件定义为 2 号,用 I-U 曲线 2 表示;其余电池组件合起来定义为 1 号,用 I-U 曲线 1 表示;两者的串联方阵为组,用 I-U 曲线 G 表示。

下面可从图 3.26 中 a、b、c、d 四种工作状态对太阳电池组成并联进行分析：

(1) 调整太阳能电池组的输出阻抗,使其工作在短路(a 点),此时电池组件的工作电压为 0,组短路电流 I_{sc} 等于电池组件 1 和电池组件 2 的短路电流之和。

(2) 当调整阻抗使电池组工作在 b 点,电池组件 1 和电池组件 2 都有正的功率输出。

(3) 当电池组件工作在 c 点,此时电

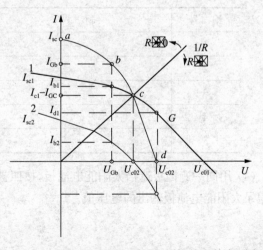

图 3.26　并联回路受遮挡组件的"热斑效应"分析

池组件 1 仍然工作在正功率输出,而受遮挡的电池组件 2 已经工作在开路状态,没有功率输出,但也没有成为功率的接受体,还没有成为电池组件 1 的负载。

(4) 当电池组工作在开路状态(d 点),此时电池组件 1 仍然有正的功率输出,而电池组件 2 上的电流已经反向,电池组件 2 成为电池组件 1 的负载,不考虑回路中其他旁路电流的话,此时电池组件 1 的功率全部加到了电池组件 2 上,如果这种状态持续时间很长或电池组件 1 的功率很大,也会在被遮挡的电池组件 2 上造成热斑损伤。

(5) 应当注意到,从 c 点到 d 点的工作区间,电池组件 2 都处于接受功率的状态。并联电池组处于开路或接近开路状态在实际工作中也有可能,对于脉宽调制控制器,要求只有一个输入端,当系统功率较大,太阳能电池组件会采用多组并联,在蓄电池接近充满时,脉冲宽度变窄,开关晶体管处于临近截止状态,太阳能电池组件的工作点向开路方向移动,如果没有在各并联支路上加装阻断二极管,发生热斑效应的概率就会很大。

为防止太阳能电池组件由于热斑效应而被破坏,需要在太阳能电池组件的正负极间并联一个旁路二极管,以避免串联回路中光照组件所产生的能量被遮蔽的组件所消耗。同样,对于每一个并联支路,需要串联一只二极管,以避免并联回路中光照组件所产生的能量被遮蔽的组件所吸收,串联二极管在独立光伏发电系统中可同时起到防止蓄电池在夜间反充电的功能。

四、实训步骤

(1) 打开"KNTS-20W 型太阳能电源教学实训系统"实验箱,将箱盖上的电缆线插头插入箱体面板上的"太阳能电池输入"插座,旋紧螺母;再将箱盖上的太阳能电池板置于阳光直射的位置,必要时可卸下箱盖。

(2) 将面板上的三个钮子开关分别拨向"太阳能电池检测"、"太阳能电池电压"、"太阳能电池电流",然后接通"总开关"。此时,"总开关"指示灯亮,面板上直流电压表和直流电流表均通电工作,直流电压表的示值就是太阳能电池板的开路电压,记录此电压。

(3) 选择足够大的几种遮光度不同的材料,如白纸、布、塑料膜等,分别用所选择的材料遮挡整块太阳能电池板,记录每一种情况下太阳能电池板输出的电压。

表 3.2 不同遮光材料下的太阳电池输出电压

编 号	材 料	太阳能电池板输出电压/V
1		
2		
3		
4		
5		

(4) 用同一遮挡板遮挡太阳能电池板,按照被遮挡部分的面积增加或减小的顺序,测量并记录太阳能电池板输出的电压值。

表 3.3　不同遮光面积下的太阳电池输出电压

编　号	遮挡面积/%	太阳能电池板输出电压/V
1		
2		
3		
4		
5		

(5) 用同一遮挡板遮挡一部分太阳能电池板,同时在实验设备的"TP1"接入可调节负载增加或减小负载的阻值,并记录太阳能电池板输出的电压值与电流,查看在阻值为多少时太阳能电池板发生了"热斑效应"。

(6) 实验完毕,应该关闭"总开关",卸下电缆线插头,合上机箱。

五、注意事项

(1) 要使用足够大的遮挡板,能够完全覆盖整个电池板。

(2) 使用同一块遮挡板改变其遮挡面积的实验中,要尽快测得 3—5 组数据,不可长时间使某一部分处于遮挡状态。

3.7　实训 4　太阳电池片的划片和分选实训

一、实训目的

(1) 学会太阳电池片的划片操作。
(2) 学会太阳电池片的分选操作。
(3) 提高太阳电池组件性能、表面外观质量。

二、实训器件设备

序　号	名　　称
1	激光划片机
2	太阳电池片
3	电池片分选仪
4	计算机

三、引用标准

工艺文件、设计文件。

四、实训步骤

(1) 太阳电池片的划片作业

① 检查激光划片机的工作吸盘,保证其干净、干燥,可正常生产。

② 按照激光划片机操作规程开机。打开计算机进入 MS-DOS,按操作规程进入 CNC 操作界面。

③ 机器预热半小时后,调节频率至期望值,踩住脚踏开关,调节激光电源电流至期望值(期望值具体根据电池片规格和切割模式而定)。

④ 在 CNC 的【文件】菜单下选择【文件装入内存】→【回车】→调用所需切割程序→选择【运行】菜单下的【运行整个程序】→【回车】。

⑤ 用废片试划,直至尺寸外观符合要求。

⑥ 将待划电池片正面朝下放在工作台吸盘上,电池片边缘抵紧吸盘的定位边,然后单击【运行】菜单下的【运行整个程序】进行划片。

⑦ 将划好的电池片沿切割线轻轻掰开,整齐放在不锈钢托盘中。

⑧ 按划片机操作规程关机。

⑨ 划片过程中造成的碎片统一放置,以便统计碎片率和废片的回收。

⑩ 检验:电池片形状是否完整,划口是否平直,有无锯齿、裂痕、崩边、缺角等,电池片表面是否干净、不变色、有无污迹。

(2) 太阳电池片的分选

① 打开电脑与分选仪,等电脑待机完毕后打开"电池片分选测试程序",接着点击"测量(如图)"出现,"停止测量(如图)",进入程序。

② 选一标准电池片放入分选仪的面板上,对准放齐。踩下脚启动,电脑上会显示出比较标准的数据和图形分析图。电池片的测试功率曲线图如图 3.27 所示。

③ 当光强(红线)低于 AM 1.5(紫线)时且低于时标(蓝线),这时调节光强按钮,之后测试下一电池片功率看是否合格,如不合格则重新调节一下电池然后继续测试。

④ 电流线(图像上显示为绿线)必须与光强产生一个交叉点,且显示为抛物线形式(从左上至右下)。

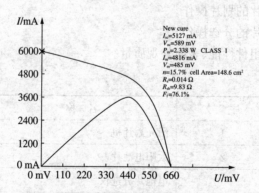

图 3.27 电池片的测试功率曲线图

⑤ 按等级区分出电池片的功率,分为 14.9 以下、15.0、15.1—15.9 这九个等级。

⑥ 把分类好的电池片装好放于盒中,整理数据,统计好数目。

⑦ 关闭计算机和仪器。

⑧ 按生产顺序将检测后的电池片整齐码放。

*注:执行任何操作都必须佩戴干净的手套,以防污染和损伤电池片。电池片很脆弱,操作时应小心、小心、再小心!!!

3.8 实训5 太阳电池片的焊接实训

一、实训目的
在电池片正背面焊上电极引线,使电池片形成串接,为叠层工序做准备。学会太阳电池片的划片操作。

二、实训器件设备

序号	名　称
1	太阳电池片
2	焊接模盘
3	电烙铁、互连条、助焊剂

三、引用标准
工艺文件、设计文件。

四、实训步骤
(1) 太阳电池片的焊接

① 规范佩戴工作帽和手套。要求将头发全部盘进帽子里,长头发要扎起来,避免头发接触电池片或发丝掉落在电池片上面;不得以裸手接触电池片,避免手上的汗液等物质污染电池片。

② 擦拭干净工作台和焊接模盘。

③ 插上电烙铁进行预热,并按照设计要求和产量任务领取相应规格的电池片、剪切相应长度的互连条。

④ 目测电池片是否有缺角、裂纹、崩边、污迹或杂物等。

⑤ 将浸过助焊剂(20分钟)的互连条对准电池片正面主栅线放上,保证互连条顶端和边缘刚好完全盖住主栅线(对部分电池片、互连条顶端应距电池片边缘约1 mm,详见设计要求),然后用电烙铁轻轻沿着栅线在互连条上焊过,将互连条牢固焊接在正面的主栅线上。

⑥ 将电池片按照互连条走向,背面朝上放在焊接模盘中,调整电池片间距为2 mm(允许误差0.3 mm),然后将电池片正面伸出的互连条按照设计要求牢固焊接在相邻电池片背面的主栅线上,焊接长度应超过主栅线的1/2。操作方法和正面焊接一样。

⑦ 用手轻轻拿住电池串两端的电池片,将焊好的电池串轻轻提起,背面朝上放在周转板上,每块板放置电池串数根据设计要求而定。

⑧ 由班组长对焊接好的电池串进行检验,及时发现并解决问题。

(2) 检验及注意事项

① 焊接必须牢固、光滑、无虚焊、漏焊、堆焊及喷焊等现象。

② 电池串焊接必须符合排片图设计要求。

③ 互连条光亮、平直、不变色、无明显歪扭现象。

④ 互连条外露出主栅线的宽度不大于0.3 mm。

⑤ 电池片无裂纹、崩边、缺角等,电池片表面无助焊剂或杂物。
⑥ 焊接和脱板时应轻拿轻放电池片和电池串,避免碎片的产生。
⑦ 连背电极时,注意焊接互连条的尾部要牢固,避免在层压时受热翘起。
⑧ 最佳焊接温度范围为 370—400℃,班组长须对其进行监测。
⑨ 规范填写组件流程卡,并移交下道工序。

3.9 实训 6 太阳电池组件的叠层实训

一、实训目的

将太阳电池串按铺设操作规程铺设封装材料,主要是钢化玻璃、EVA、TPT,且保证铺设板质量,完成太阳电池组件的叠层,为层压做准备。

二、实训器件设备

序号	名　称
1	太阳电池串
2	封装材料
3	测试仪器

三、引用标准

工艺文件、设计文件。

四、实训步骤

(1) 太阳电池组件的叠层

① 规范佩戴工作帽和手套。要求头发要全部盘进帽子里,长头发要扎起来,避免头发接触电池片或发丝掉落在电池片上面;接触电池片正面的手必须戴汗布手套,避免手上的汗液等物质污染电池片。

② 工作台擦拭干净,预热电烙铁。

③ 按照设计要求领取钢化玻璃、EVA 胶膜、TPT。

④ 检查电池片是否有裂纹、崩边、缺角以及脱焊现象,如有要更换或补焊。清除电池片表面的污迹和杂物。

⑤ 将钢化玻璃绒面朝上平放在工作台上对应位置,玻璃的四角和工作台准确对正,不得歪斜。

⑥ 在钢化玻璃上铺上一层 EVA,要求 EVA 的四边均要超出玻璃边缘 5 mm 以上。

⑦ 将电池串轻轻提起,受光面朝下平放在 EVA 膜上,在电池串两端用定位尺对齐电池串,调整电池串平行位置,使之按照生产要求准确对齐,然后用烙铁在相应电池片背面烫一下,使其固定在 EVA 膜上。

⑧ 将定位尺放在电池串两端的焊带下相应的位置,连接汇流条使电池串串联成板,并在电池板一端引出正负电极线。在正负电极线处用 TPT 隔离条将正负极引线隔开,并将电极线用耐高温胶带固定在 TPT 条上,避免正负极引线相互接触造成短路。剪去多余的汇流

条,用耐高温胶带在规定的位置固定电池串。

⑨ 依次铺上EVA膜、TPT,将汇流条电极部分从EVA、TPT上电极划口处引出。背封EVA和TPT的四边均要超出钢化玻璃边缘5 mm以上。

⑩ 打开测试灯,进行电流和电压测试。

(2) 检验及注意事项

① 电池串间距控制在2 mm,误差为0.3 mm。

② 钢化玻璃上下、左右边到电池板边缘的距离分别相等,误差不超过3mm。

③ 钢化玻璃清洁、明亮、无油污及垢物、无缺角和爆边。

④ 电池片表面清洁、无油污及助焊剂、无碎片、无尖锐或明显凸起的焊点,封装材料上无杂物。

⑤ EVA、TPT上无污迹或杂物,无褶皱。

⑥ 电池串连接符合生产技术要求,无明显歪斜。

⑦ 进行铺设之前要确保铺设工作台的清洁。

⑧ 换片时不要夹带异物,焊接要牢固。

⑨ 胶带的黏贴位置要正确,方法得当。

⑩ 规范填写组件流程卡,并移交下道工序。

3.10 实训7 太阳电池组件层压实训

一、实训目的

通过层压机在真空加热密封的状态下,实现对铺设太阳电池组件的密封、固化、定型,保证层压板质量。

二、实训器件设备

序号	名　称
1	太阳电池组件
2	层压机
3	封装材料
4	检测仪器

三、引用标准

工艺文件、设计文件。

四、实训步骤:

(1) 太阳电池组件层压

① 规范佩戴工作帽:要求将头发全部盘进帽子里,长头发要扎起来。

② 按层压机操作规程开机,并打开层压机的上盖。检查确定机内无异物。

③ 根据工艺技术要求设置层压机的各项参数。

(注:加压和固化时间的长短因材料特性不同而不同,每批次的生产可由工艺人员对该

参数进行适当调整。)

④ 按层压机操作规程进行一次空循环。

⑤ 检查铺设组件是否合格(钢化玻璃清洁、明亮、无油污及垢物、无缺角和爆边;电池片表面清洁、无油污及助焊剂、无碎片、无尖锐或明显凸起的焊点,封装材料上无杂物;电池串连接符合生产技术要求,无明显歪斜),不合格的退回上道工序返工。

⑥ 将检验合格的铺设组件玻璃面朝下水平放进层压机内,在层压机铝板上铺上聚四氟乙烯玻璃布,在组件上再铺上一层聚四氟乙烯玻璃布。

⑦ 按层压机操作规程完成层压过程。

⑧ 层压结束后,戴上线手套,取出层压板放在移动台架上冷却,检查层压板质量,如有问题要查明原因并处理,情况正常后才可继续层压其他板。

⑨ 工作结束后,按层压机操作规程关机,待冷却后合上盖。

(2) 检验及注意事项

① 层压板的各封装材料黏接牢固,不变色、无异物、无分离现象,背封 TPT 无皲裂、无严重褶皱、无大的凸包,且背面凸包不可刺破 TPT 封装层。

② 无碎片,电池片间及电池片与汇流条间无短接现象。

③ 电池片上不得有气泡,每块电池板上 1mm 左右大小的气泡不得超过 3 个。

④ 组件的玻璃面不可直接与层压机铝板接触。

⑤ 组件上所铺的聚四氟乙烯玻璃布必须将铺设组件完全覆盖。

⑥ 每使用聚四氟乙烯玻璃布 1800 次进行更换,发现其上有污迹或异物时须用无水乙醇进行清洁。

⑦ 不得以裸手接触电池片。

⑧ 规范填写组件流程卡,并移交下道工序。

习 题

(1) 概述太阳电池组件的生产工艺和注意事项。

(2) 如何检测太阳电池组件的性能?

课题 4　控制器

太阳能光伏系统一般由太阳电池组件、控制器、逆变器、储能装置、配电柜和交直流负载等组成,逆变器实现直流到交流的变换,控制器可对储能装置的充放电进行控制。太阳电池组件在太阳光照射下,可以直接对直流负载供电,也可以将产生的电能储存在储能装置中,当发电不足或负载用电量大时,由储能装置向负载补充电能。储能装置尤其是蓄电池,在充电和放电过程中需加以控制,频繁地过充电和过放电,都会影响蓄电池的使用寿命,为保护蓄电池不受过充电和过放电的损害,必须有一套控制系统来防止蓄电池的过充电和过放电,这套系统称为充放电控制器,充放电控制器是离网型光伏系统中最基本的控制电路。本课题将介绍充放电控制器的分类、基本控制电路和工作原理。

4.1　控制器的基本工作原理

控制电路根据光伏系统的不同,其复杂程度是不一样的,但其基本原理相同,图 4.1 是一个最基本的充放电控制器的工作原理图,在该电路原理图中,由太阳能光伏组件、蓄电池控制器电路和负载组成一个基本的光伏应用系统,这里 K_1 和 K_2 分别为充电开关和放电开关。K_1 闭合时,由太阳能光伏组件给蓄电池充电;K_2 闭合时,由蓄电池给负载供电。当蓄电池充满电或出现过充电时,K_1 将断开,光伏组件不再对蓄电池充电;当电压回落到预定值时,K_1 再自动闭合,恢复对蓄电池充电。当蓄电池出现过放电时,K_2 将断开,停止向负载供电;当蓄电池再次充电,电压回升到预设值后,K_2 再次闭合,自动恢复对负载供电。开关 K_1 与 K_2 的闭合和断开是由控制电路根据系统充放电状态决定,开关 K_1 和 K_2 是广义的开关,它包括各种开关元件,如机械开关、电子开关。机械开关如继电器、交直流接触器等,电子开关如小功率三极管、功率场效应管、固态继电器、晶闸管等。根据不同的系统要求选用不同的开关元件或电器。

在独立光伏系统中,充放电控制器的基本作用是为蓄电池提供最佳的充电电流和电压,同时保护蓄电池,具有输入充满和容量不足时断开和恢复充放电功能,以避免过充电和过放电现象的发生,主要功能为:防过充电、防过放电、自动恢复充电和放电以及防止负载短路、

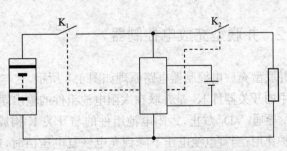

图 4.1　充放电控制器的工作原理图

过流及极性反接、防反充等的各种保护功能等等。

4.2 控制器的分类及工作原理

依照控制器对蓄电池充电调节原理的不同,常用的充放电控制器可分为串联型、并联型、脉宽调制型、多路控制器、智能型和最大功率跟踪型等等。

4.2.1 串联型充放电控制器

串联型充放电控制器基本电路原理如图4.2所示,在太阳电池组件与蓄电池间串联一个开关元件,开关元件多使用固体继电器、功率场效应管、晶闸管等,控制器检测电路,监控蓄电池电压,当充电电压超过蓄电池设定的充满切断电压值时,开关元件断开充电回路,当蓄电池端电压下降到设定的蓄电池恢复充电电压值时,开关元件将再次接通充电回路,恢复充电。

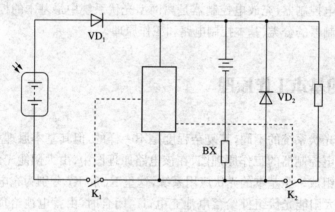

图4.2 串联型充放电控制器基本电路原理图

当蓄电池电压达到过放电压值时,开关元件2断开,停止向负载供电,蓄电池再次充电达到欠压恢复门限值时,开关元件2闭合,恢复向负载供电。

VD_1 为防反充二极管,当太阳电池组件输出电压大于蓄电池电压时,VD_1 导通;反之 VD_1 截止,此时可有效防止蓄电池向太阳电池组件反向充电,起到防反充保护作用。VD_2 为防反接二极管,当蓄电池极性接反时,VD_2 导通,使蓄电池通过 VD_2 短路放电,产生大电流将保险丝BX烧断,起到防蓄电池极性反接保护作用。

4.2.2 并联型充放电控制器

并联型充放电控制器电路原理如图4.3所示,它与串联型充放电控制器的区别是,充电回路中的开关器件 K_1 是并联在太阳电池组件的输出端,当蓄电池电压大于充满断开电压值时,K_1 导通,VD_1 截止,太阳电池组件的与开关K构成回路,不再对蓄电池充电,起到防过充保护作用;当蓄电池电压下降到充电恢复电压值时,K_1 截止,VD_1 导通,太阳电池组件恢复对蓄电池充电。并联型充放电控制器的防过放控制及防极性反接保护原理与串联型充放电控制器相同,以上两种充放电控制器都属于回差电压法控制电路,防过充检测控制如图 4.4 所示,防过放检测控制电路如图 4.5 所示。

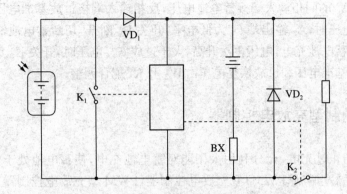

图 4.3 并联型充放电控制器基本电路原理图

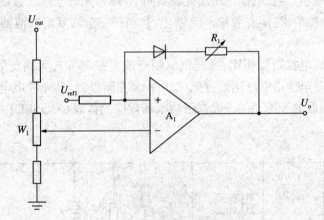

图 4.4 防过充检测控制电路图

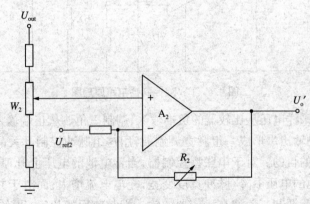

图 4.5 防过放检测控制电路图

回差电压法可解决蓄电池充放电点控制时引起的振荡问题,防过充和防过放控制电路都由带回差电压控制的运算放大器组成。A_1 的同相输入端接过充基准电压,反相输入端接蓄电池电压,当蓄电池电压大于过充电压值时,A_1 输出端 U_o 为低电平,开关器件 K_1 断开,切断充电回路;当蓄电池电压下降小于过充恢复电压值时,A_1 的反相输入电压小于同相输入电压,输出端由低电平变为高电平。开关 K_1 闭合,恢复对蓄电池充电。过充电压值和过充恢复充电电压值由 W_1 和 R_1 配合调整。

运算放大器 A_2 的同相输入端接蓄电池电压,反相输入端接过放基准电压,当蓄电池电压小于过放基准电压时,A_2 输出端 U_o 为低电平,开关 K_2 断开,切断蓄电池输出回路,防止蓄电池过放电;当蓄电池充电,电压再次升高,大于过放恢复电压时,开关 K_2 重新闭合,恢复对负载供电,过放基准电压和过放恢复电压由 W_2 和 R_2 配合调整。

4.2.3 脉宽调制型充放电控制器

为了有效地防止过充电,充分利用太阳能对蓄电池充电,使蓄电池处于良好的工作状态,近年来发展了脉宽调制(PWM)型充放电控制器,PWM型充放电控制器以脉冲方式开关太阳电池组件的输入,随着蓄电池的充满,脉冲的频率或占空比发生变化,使导通时间缩短,充电电流逐渐减小,当蓄电池电压由充满点向下降时,充电电流又会逐渐增大,符合蓄电池对于充放电过程的要求,能有效地消除极化,有利于完全恢复蓄电池的电量,延长蓄电池的循环使用寿命。

与串、并联充放电控制器相比,脉宽调制型充放电控制方式无固定的过充和过放电压点,但电路会控制蓄电池端电压达到过充/过放控制点附近时,其充放电电流趋近于零,脉宽调制型充放电控制器的开关元件一般选用功率场效应晶体管(MOSFET),其电路原理如图4.6 所示。

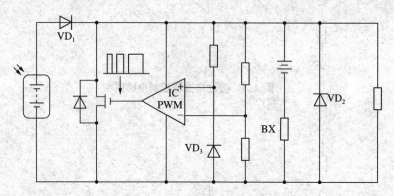

图 4.6 PWM 控制器电路原理图

蓄电池的直流采样电压从比较器的负端输入,调制三角波从正端输入,用直流电压切割三角波,在比较器的输出端形成一组脉宽调制波,用这组脉冲控制开关晶体管的导通时间,达到控制充电电流的目的。对于串联型控制器,当蓄电池的电压上升,脉冲宽度变窄,充电电流变小,当蓄电池的电压下降,脉冲宽度变宽,充电电流增大;而对于并联型控制器,蓄电池的直流采样电压和调制三角波在比较器的输入端与前面的相反,以实现随蓄电池电压的升高并联电流增大(充电电流减小),随电压下降并联电流减小(充电电流增大)。

4.2.4 智能型控制器

智能型控制器采用 CPU 或 MCU 等微处理器对太阳能光伏系统的运行参数进行实时

高速采集,并按照一定的控制规律由单片机内程序对光伏组件进行接通与切断的智能控制,中、大功率的智能控制器还可通过单片机的 RS232/485 接口通过计算机控制和传输数据,并进行远程通信和控制,智能型控制器不但具有充放电控制功能,而且具有数据采集和存储、通信及温度补偿功能,智能型控制器的电路原理如图 4.7 所示。

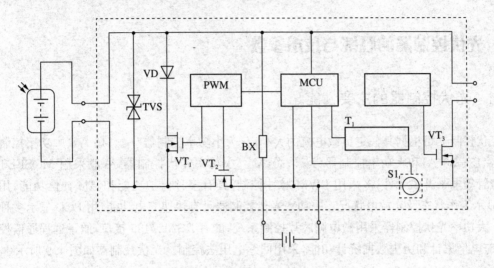

图 4.7　智能型控制器的电路原理图

4.2.5　最大功率跟踪型控制器

最大功率跟踪型控制器(MPPT)要求始终跟踪太阳电池方阵的最大功率点,需要控制电路同时采集太阳电池方阵的电压和电流,并通过乘法器计算太阳电池方阵的功率,然后通过寻优和调整,使太阳电池方阵工作在最大功率点附近,MPPT 的寻优方法有多种,如导纳增量法、间歇扫描法、模糊控制法、扰动观察法等。最大功率点跟踪型控制器主要由直流变换电路、测量电路和单片机及其控制采集软件等组成,其充放电控制器原理如图 4.8 所示。其中直流变换(DC/DC)电路一般为升压(BOOST)型或降压(BUCK)型斩波电路,测量电路主要是测 DC/DC 变换电路的输入侧电压和电流值、输出侧的电压值及温度等。

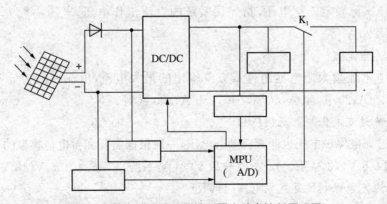

图 4.8　最大功率跟踪型控制器充放电控制原理图

将太阳电池方阵的工作电压信号反馈到控制电路,控制开关的导通时间 Ton,使太阳能电池方阵的工作电压始终工作在某一恒定电压,同时将斩波电路的输出电流(蓄电池的充电电流)信号反馈到控制电路,控制开关的导通时间 Ton,则可使斩波电路具有最大的输出电流。

4.3 光伏控制器的性能与技术参数

4.3.1 光伏控制器的主要性能

光伏控制器可根据其额定负载电流的大小,分为小功率控制器($I_{额}$<15 A)、中功率控制器($I_{额}$:15—30 A)和大功率控制器($I_{额}$>30 A)。小功率光伏控制器,一般采用 MOSFET 场效应管等电子开关元件,多采用 PWM 脉冲控制,具有多种保护功能和温度补偿功能,用 LED 显示工作状态及充放电状况。中功率光伏控制器具有快速充电功能,用 LCD 显示多种信息。大功率光伏控制器采用微电脑芯片控制系统,配有 RS232/485 接口,便于远程通信控制,具有电量累计和历史数据统计功能,采用回差电压法控制。光伏控制器如图 4.9 所示。

图 4.9 光伏控制器

4.3.2 光伏控制器的主要技术参数

光伏控制器有如下主要的技术参数:

1. 额定电压

系统电压又称额定工作电压,指光伏系统的直流工作电压,电压一般为 12 V,24 V,48 V,110 V,220 V 等。

2. 最大充电电流

最大充电电流指太阳电池组件或方阵输出的最大电流,电流一般为 5 A,6 A,8 A,10 A,12 A,15 A,20 A,30 A,40 A,…,250 A,300 A 等。

3. 蓄电池过充电保护电压(HVD)

蓄电池过充电保护电压也叫充满断开电压,一般根据需要和蓄电池类型的不同来设定:14.1—14.5 V(12 V 系统)、28.2—29 V(24 V 系统)和 56.4—58 V(48 V 系统)。

4. 蓄电池充电保护恢复充电电压(HVR)

蓄电池充电保护恢复充电电压一般设为 13.1—13.4 V(12 V 系统)、26.2—26.8 V(24 V 系统)和 52.4—53.6 V(48 V 系统等)。

5. 蓄电池过放电保护电压(LVD)

蓄电池过放电保护电压又称欠压关断电压,一般也根据需要及蓄电池类型的不同来设定:10.8—11.4 V(12 V系统)、21.6—22.8 V(24 V系统)和43.2—45.6 V(48 V系统)。

6. 蓄电池过放恢复放电电压(LVR)

蓄电池过放恢复放电电压一般设定为 12.1—12.6 V(12 V系统)、24.2—25.2 V(24 V系统)和48.4—50.4 V(48 V系统)。

7. 蓄电池充电额定电压

蓄电池充电额定电压一般为 13.7(12 V系统)、27.4 V(24 V系统)和54.8 V(48 V系统)。

8. 电路自身损耗

控制器电路自身损耗也叫最大自消耗电流,根据电路不同,自身损耗一般为 5—20 A,一般不得超过其额定充电电流的1%。

9. 太阳电池方阵输入路数

光伏控制器的输入路数要大于或等于太阳电池方阵的设计输入路数,一般有单路、6路、12路、18路输入等等。

10. 温度补偿

控制器一般都具有温度补偿功能,以适应不同的工作环境温度(-20—50℃)其温度补偿值为 -20—40 mV/℃。

11. 其他保护功能

控制器一般还具有防反充保护功能、极性反接保护功能、短路保护功能、防雷击保护和耐冲击电压和冲击电流保护功能等。

4.4 实训8 光伏控制器控制实训

一、实训目的
掌握太阳能控制器控制原理、结构和保护特性

二、实训设备

序号	名称	备注
1	太阳能电池板	实验科研平台已配好
2	太阳能控制器	实验科研平台已配好
3	蓄电池组	实验科研平台已配好
4	万用表	已配备
5	直流负载	与太阳能输出电压等级相匹配
6	双踪示波器	已配备

三、实训原理
控制器的充放电保护特性取决于光伏发电系统选用的蓄电池的充放电特性,另外在输

出发生过载、过流或短路等故障时,控制器将采取适当的保护措施。

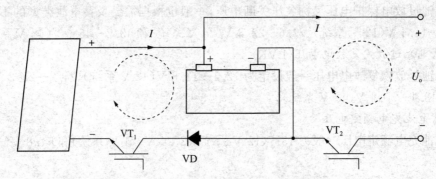

图 4.10　太阳能光伏系统充电控制电路图

太阳能充电控制方案分为一点式控制法、PWM 控制法等。本实验科研平台采用了 PWM 控制方法,此方法既可以应用于单路光伏组件输入系统,也可以用于多路光伏组件并联输入系统。充电控制点主要依据蓄电池性能和要求而设定,通过检测蓄电池端电压,与蓄电池额定性能值比较,确定蓄电池状态,实现充电控制。充电控制电路图如图 4.10 所示。

充电过程一般分为主充、均充和浮充三个阶段,有时在充电末期还以微小充电电流长时间持续充电的涓流充电。

在主充阶段,PWM 占空比为最大值,即全通,确保此阶段以大电流快速对蓄电池进行充电;当蓄电池端电压达到均充点时,PWM 占空比随电压增加而减小,以较低的恒定电流值对蓄电池进行充电,此阶段充电可以使串联中的单体蓄电池电压和容量相互平衡;在蓄电池快速充电至 80%—90% 容量后,转入浮充模式,以恒定电压对蓄电池进行充电,充电电流随着蓄电池电压的升高而减小,直到蓄电池电压和充电电压相等时,充电自动停止。这样适应于充电后期蓄电池可接受充电电流的减小,同时可以避免蓄电池过充;为防止蓄电池充电不足,还有涓流充电,使蓄电池充电彻底。

当蓄电池电压在正常范围内的时候,控制器放电回路接通,输出直流电能,为负载供电;当蓄电池发生欠压或过压时,断开输出回路;当蓄电池因充电,电压高于欠压恢复点之后,再次接通输出回路为负载供电;当蓄电池过压时,控制器断开输出回路;电压降到过压恢复点以下后,接通输出回路。

蓄电池的放电特性将会严重影响蓄电池的充电特性。蓄电池放电深度越深,放出电量越多,可接受的充电电流越小,充电速度也就越慢;蓄电池放电电流越大,再充电时可接受的充电电流也就越大,有利于提高充电速度,但是蓄电池充电电流流经内阻时,会产生大量热量,导致蓄电池温度上升,所以又必须限制充电电流。

放电过程中,当蓄电池出现欠压时,为防止其放电过深,控制器确认欠压发生后,将延时若干分钟,关断输出回路开关管 VT_2;当蓄电池电压因充电恢复到欠压恢复点以上后,控制器将自动导通 VT_2 接通负载,恢复输出供电。当蓄电池出现过压时,可能对输出负载造成影响,同时蓄电池电压过高可能会加大放电电流,增加蓄电池温升,所以要实现过压保护;当蓄电池因放电恢复到过压恢复点以下时,控制器将自动闭合 VT_2 接通负载,恢复输出供电。

当输出电路出现过载、过流,电流异常时,为保护蓄电池,将在满足过载能力要求的前提下,关断开关管 VT_2,断开输出回路,实现对蓄电池、控制器和负载的保护;如果出现短路情况,控制器将立即关断输出回路。出现上述故障并实现保护后,控制器将延时尝试接通输出回路,如果在几次尝试后,故障仍然没有消除,控制器将彻底断开输出,故障恢复后也不能自动恢复输出,那么必须关机重新启动控制器才可以恢复正常工作。

当输出发生120%过载连续1分钟后,关闭输出回路;发生150%过载连续15秒后,关闭输出回路;当发生短路时,立刻关闭输出回路。

四、实训步骤

(1) 打开"KNTS-20W型太阳能电源教学实训系统"实验箱,将箱盖上的电缆线插头插入箱体面板上的"太阳能电池输入"插座,旋紧螺母。再将箱盖上的太阳能电池板置于阳光直射的位置,必要时可卸下箱盖。

(2) 将面板上的三个钮子开关分别拨向"蓄电池充电"、"蓄电池电压"、"逆变器输入电流",然后接通"总开关"。此时,"总开关"和"充电"指示灯亮,面板上直流电压表和直流电流表均通电工作,直流电压表显示的是蓄电池的电压。20 W太阳电池光伏控制器电路原理图如图4.11所示。

(3) 用示波器的探头测量面板上"控制器"部分 TP2 测试孔与接地测试孔之间的波形,观察快充、均充、浮充等阶段的 PWM 波形,如果示波器可以直接读出占空比,则记录;如不能读出,则根据波形计算电压波形占空比,填入下表。如果蓄

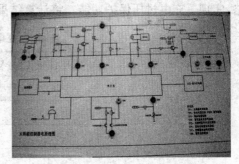

图 4.11　20 W 太阳能电池光伏控制器电路原理图

电池电压高于11 V,则要预先进行放电,方法是接通"逆变"开关,点亮36 V/8 W灯泡,直至蓄电池电压降至11 V以下。以面板上的直流电压表的示值为准,按表4.1的五个电压点进行测量。

表 4.1　充电电压波形占空比表

序　号	蓄电池电压值/V	电压波形占空比/%
1	11	
2	12	
3	13	
4	14	
5	15	

(4) 如果显示的蓄电池电压高于12 V,则接入负载,做放电保护试验;如果显示的蓄电池电压低于12 V,则需先对蓄电池进行充电,将其端电压充至12 V以上,断开太阳能电池输入,再进行放电保护试验。

(5) 放电欠压保护实验:对蓄电池进行持续放电,方法是接通"逆变"开关,点亮36 V/8 W灯泡,直到蓄电池电压低于10.8 V。这时,面板上"欠压"指示灯闪亮,报警声响起,"控制器"已自动切断放电电路,灯泡熄灭,进入放电欠压保护状态。此时使用数字万用表 DC 20 V 挡测量面板上"逆变器"部分的 TP3 测试孔与接地测试孔之间的电压,电压值应为 0 V。

(6) 放电欠压恢复实验：此时接入太阳能电池为蓄电池充电,为快速充电,需要断开负载,也就是关闭"逆变"开关。当面板上的"欠压"指示灯熄灭、报警声停止、"蓄电池电量"指示灯显示"低"或"中"时,再接通"逆变"开关,灯泡重新点亮,此现象说明"控制器"已自动恢复放电电路。

(7) 充电过压保护实验：断开负载,接入太阳能电池为蓄电池充电,"充电"指示灯点亮,用示波器的探头测量面板上"控制器"部分 TP2 测试孔与接地测试孔之间的波形,当蓄电池电压值为表 4.2 内的值时,如果能从示波器直接读取,则记录电压波形的占空比；如果不能从示波器直接读取,则根据波形进行计算并记录电压波形的占空比。实验进行到"过压"指示灯闪亮、"充电"指示灯熄灭、报警声响起为止,此现象说明控制器已经自动切断了充电电路,实现了充电过压保护功能。将计算结果填入表 4.2 中。

表 4.2　充电电压波形占空比表

序　号	蓄电池电压值/V	电压波形占空比/%
1	12.5	
2	13.5	
3	14.5	
4	15.5	
5	16.5	
6	17.5	

(8) 充电过电压恢复实验：此时,接通"逆变"开关,点亮 36 V/8 W 灯泡,过一段时间后,报警声停止、"过压"指示灯熄灭、"充电"指示灯点亮。此现象说明控制器已经自动恢复了充电,实现了充电过压恢复功能。

(9) 实验完毕,应该关闭"逆变"和"总开关",卸下灯泡和电缆线插头,合上实验箱。

4.5　实训 9　光伏控制器设计、制作实训

一、实训目的
掌握太阳能光伏控制器(蓄电池电压 12 V)的设计和制作。

二、实训设备
太阳电池组件、蓄电池(12 V)、电子开关元器件、电压表和电流表等自行选配。

三、实训内容
(1) 自行设计一个太阳能光伏控制器,控制太阳电池组件为 12 V 蓄电池充电。
(2) 技术要求
① 蓄电池过充保护电压:14.5 V。
② 蓄电池过放保护电压:10.8 V。
③ 蓄电池浮充电压:13.7 V。
④ 温度补偿:−20—40 mV/℃。

⑤ 光伏控制器额定输入电流:5 A。
⑥ 具有防极性反接保护功能,耐冲击电压和冲击电流保护功能。
⑦ 工作模式为光控和时控开关两种模式。
(3) 画出所设计的光伏控制器的电路原理图。
(4) 画出所设计的光伏控制器的PCB图。
(5) 列出所需的元器件清单。
(6) 按设计方案制作一个光伏控制器。
(7) 调试、检测制作的光伏控制器的功能。

四、实训记录
(1) 制定设计方案。
(2) 绘制所设计的光伏控制器的电路原理图。
(3) 阐述所设计的光伏控制器的工作原理。
(4) 画出所设计的光伏控制器的PCB图。
(5) 画出光伏控制器的实际接线图。
(6) 撰写实训报告。

习　题

(1) 简述光伏控制器的控制原理。
(2) 设计并制作太阳能路灯控制器,同时做出详细的设计方案。
(3) 设计太阳能光伏手机充电器控制器。

课题 5　逆变器

将直流电能变换为交流电能的过程,称为**逆变**,完成逆变功能的电路称为**逆变电路**,而实现逆变过程的装置则称为**逆变设备**或**逆变器**。太阳能光伏系统中使用的逆变器是一种将太阳电池产生的直流电转换为交流电的转换装置,以实现为交流负载供电,逆变器是通过半导体功率实现开关开通和关断的作用,将直流电能转变成交流电能供给负载使用的一种转换装置,是整流器的逆向变换功能器件。随着微电子技术与电力电子技术的迅速发展,逆变技术也从通过直流电动机—交流电动机的旋转方式逆变技术发展到 20 世纪 60 年代至 70 年代的晶闸管逆变技术,而 21 世纪的逆变技术多数采用 MOSFET、IGBT、GTO、IGCT、MCT 等多种先进且易于控制的功率器件,控制电路也从模拟集成电路发展到单片机控制,甚至采用数字信号处理器(DSP)控制,多种现代控制理论,如自适应控制、模糊逻辑控制、神经网络控制等先进控制理论和算法,也大量应用于逆变领域。

5.1　逆变器的分类

逆变器的种类很多,可以按照不同的方法分类,具体如下:
(1) 按输出交流电的相数分类,可分为单相逆变器、三相逆变器和多相逆变器。
(2) 按逆变器额定输出功率的大小分类,可分为小功率逆变器(<1 kW)、中功率逆变器(1—10 kW)、大功率逆变器(10—100 kW)和超大功率逆变器(>100 kW)。
(3) 按输出电压波型不同分类,可分为方波逆变器、正弦波逆变器和阶梯波逆变器方波逆变器线路简单,价格便宜,适合阻性负载,带感性负载产生附加损耗。
正弦波逆变器综合技术性能好,效率高,标准输出,但线路复杂,价格贵。
阶梯波(改良方波)逆变器输出比方波有改善,其性能、价格介于上述两种之间。
(4) 按输入直流电源性质分类,可分为电压源型逆变器和直流源型逆变器。
(5) 按功率流动方向分类,可分为单向逆变器和双向逆变器。
(6) 按负载是否有源分类,可分为有源逆变器和无源逆变器。
(7) 按输出交流电频率分类,可分为低频逆变器、工频逆变器、中频逆变器和高频逆变器。
(8) 按主电路拓扑结构分类,可分为推挽逆变器、半桥逆变器和全桥逆变器。
(9) 按直流环节特性分类,可分为低频环节逆变器和高频环节逆变器。
(10) 按离网/并网特性分类,可分为并网逆变器和离网型(独立运行)逆变器。

5.2 逆变器的结构与工作原理

逆变器主要由半导体功率器件和逆变器驱动、控制电路两大部分组成,随着微电子技术与电力电子技术的发展,新型大功率半导体开关器件和驱动控制电路的出现,促进了逆变器的快速发展和技术完善,目前的逆变器多采用功率场效应晶体管(VMOSFET)、绝缘栅极晶体管(IGBT)、MOS控制器晶闸管(MCT)、静电感应晶闸管(STTH)以及智能型功率模块(IPM)等多种先进且易于控制的大功率器件,控制逆变驱动电路也从模拟集成电路发展到单片机控制,甚至采用数字信号处理器(DSP)控制,使逆变器向着系统化、节能化、全控化和多功能化方向发展。

5.2.1 逆变器的基本结构

逆变器的基本电路结构如图5.1所示,由输入电路、输出电路、主逆变开关电路、主逆变电路、控制电路、辅助电路和保护电路等构成,主电路作用如下所示。

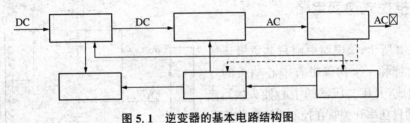

图5.1 逆变器的基本电路结构图

输入电路的主要作用是提供直流工作电压,主逆变电路的主要作用是通过半导体开关器件的导通和关断,完成逆变功能,输出电路是对主逆变电路输出、交流电的频率、波形和电压、电流的幅值、相位等进行修正,补偿,使之满足需求,控制电路是为主逆变电路提供一系列的控制脉冲,用来控制逆变开关器件的导通与关断,配合完成逆变功能。辅助电路将输入电压变换成适合控制电路工作的直流电压,还包含多种检测电路。

5.2.2 逆变电路基本工作原理

逆变电路原理示意图和对应的波形如图5.2所示。

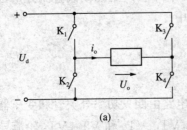 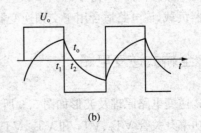

(a) (b)

图5.2 逆变电路原理示意图和对应的波形图

如图 5.2(a)所示为单相桥式逆变电路,4 个桥臂由开关构成,输入直流电压 U_D,当开关 K_1 和 K_4 闭合、K_2 和 K_3 断开时,负载上得到左正右负的电压,输出 U_o 为正;间隔一段时间后,将 K_1 和 K_4 断开、K_2 和 K_3 闭合时,负载上得到左负右正的电压,即输出 U_o 为负。若以一定频率交替切换 K_1、K_4 和 K_2、K_3,负载上就可以得到如图 5.2(b)所示波形,这样就把直流电变换成交流电,改变两组开关的切换频率,就可以改变输出交流电的频率。电阻性负载时,电流和电压的波形相同,感性负载时,电流和电压的波形不相同,电流滞后电压一定的角度。

5.3 单相电压源型逆变器

单相电压源型逆变器是按照控制电压的方式将直流电能转变为交流电能,是逆变技术中最为常见的简单的一种,单相电压源型逆变器的基本电路有推挽式、半桥式和全桥式三种,虽然电路结构不同,但工作原理类似。电路中都使用具有开关特性的半导体功率器件,由控制电路周期性地对功率器件发出开关脉冲控制信号,控制多个功率器件轮流导通和关断,再经过变压器耦合升压或降压后,整形滤波输出符合要求的交流电。

5.3.1 推挽式逆变电路

如图 5.3 所示,该电路由两只共负极连接的功率开关管和一个初级带有中心抽头的升压变压器组成,升压变压器的中心抽头接直流电源正极,两只功率开关管在控制电路的作用下交替工作,输出方波或三角波的交流电力。该电路的缺点是变压器效率低,带感性负载能力差。

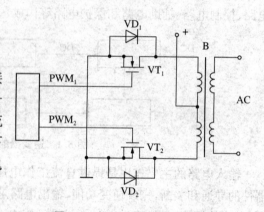

图 5.3 推挽式逆变电路原理图

5.3.2 半桥式逆变电路

半桥式逆变电路原理及波形如图 5.4 所示,该电路由两只功率开关管,两只储能电容器和耦合变压器等组成,该电路以两只串联电容器的中点作为参考点,当功率开关管 VT_1 在控制电路的作用下导通时,电容 C_1 上的能量通过变压器初级释放;当功率开关管 VT_2 导通时,电容 C_2 上的能量通过变压器释放;VT_1 和 VT_2 轮流导通,在变压器次级获得交流电能。半桥式逆变电路结构简单,由于两只串联电容的作用,不会产生磁偏或直流分量,适合后级带动变压器负载,该电路适合用于交频逆变器电路中。

5.3.3 全桥式逆变电路

全桥式逆变电路原理及波形如图 5.5 所示,该电路由四只功率开关管和变压器等组成,该电路中功率开关管 VT_1、VT_4 和 VT_2、VT_3 反相,VT_1、VT_3 和 VT_2、VT_4 轮流导通,使负载两端得到交流电能。

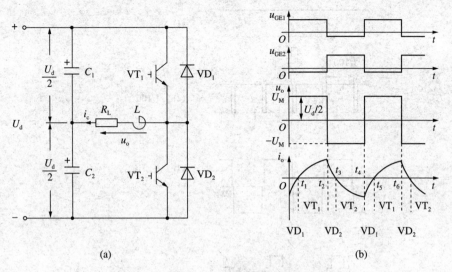

图 5.4　半桥式逆变电路原理及波形图

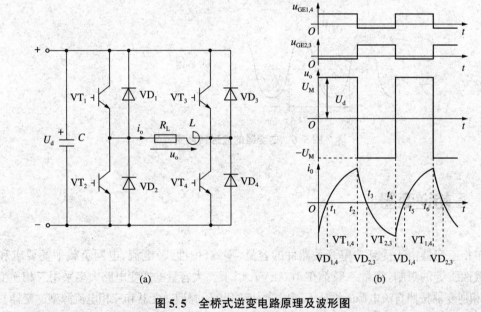

图 5.5　全桥式逆变电路原理及波形图

上述几种电路都是逆变器的最基本电路,在实际应用中,除了小功率光伏逆变器主电路采用这种单级的 DC-AC 转换电路外,中、大功率逆变器主电路都采用两级(DC-DC-AC)或三级(DC-AC-DC-AC)的电路结构形式,随着电力电子技术的发展,新型光伏逆变器电路大都采用交频开关技术和软开关技术实现高功率密度的多级逆变。

逆变器的波形转换如图 5.6 所示,半导体开关器件在控制电路的作用下,以 $\frac{1}{100}$ s 的速度开关,将直流电切断,并将其中一半的波形反向而得到矩形的交流方波,然后通过电路将方波整形为阶梯波,通过修正、平滑过滤为正弦波。

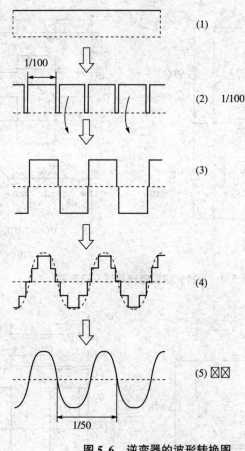

图 5.6 逆变器的波形转换图

5.4 三相逆变器

单相逆变器由于受到功率开关器件的容量、零线(中性线)电流、电网负载平衡要求和用电负载性质等的限制,容量一般都在 100 kVA 以下。大容量的逆变电路大多采用三相逆变电路,三相逆变器按照直流电源的性质不同可分为三相电压源型逆变器和三相电流源型逆变器。

5.4.1 三相电压源型逆变器

如图 5.7 所示为三相电压源型逆变器的基本电路,该电路主要由 6 只功率开关器件和 6 只续流二极管及带中性点的直流电源构成,三相电压源型逆变器的输入直流能量由一个稳定的电压源提供,输出电压幅值等于电压源的幅值,而电流波形取决于实际负载阻抗。

当控制信号为三相互差 120°的脉冲信号时,在控制电路的作用下,可以控制每个功率开关器件导通 180°(180°导电型)或 120°(120°导电型)。

逆变器三个桥臂上部和下部开关元件以 180°间隔交替开通和关断,VT_1 - VT_6 以 60°的电位差依次导通和断开,在逆变器输出端形成 a、b、c 三相电压。

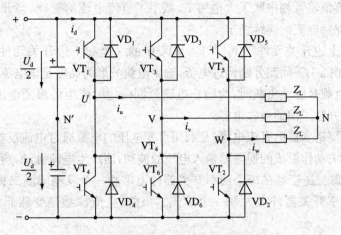

图 5.7 三相电压源型逆变器的基本电路

控制电路输出的开关控制脉冲信号可以是方波、阶梯波、脉宽调制三角波、方波和锯齿波等,其中脉宽调制波都是以正弦波为调制波,以基础波为载波,最后输出正弦波波形。

5.4.2 三相电流源型逆变器

三相电流源型逆变器的直流输入电源是一个恒定的直流电流源,需要调制的也是电流,若一个矩形电流注入负载,电压波形则是在负载阻抗的作用下生成的,其基波频率由开关序列决定。在电流源型逆变器中,可采用幅值变化法和脉宽调制法控制基波电流的幅值。图 5.8 所示为三相电流源型逆变器的基本电路,该逆变器电路由 6 只功率开关器件和 6 只阻断二极管以及直流恒流电源和浪涌吸收电容等构成。三相电流源型逆变器与三相电压源型逆变器的情况相同,也是由三组上下一对的功率开关器件构成,但开关动作的方法与电压源型

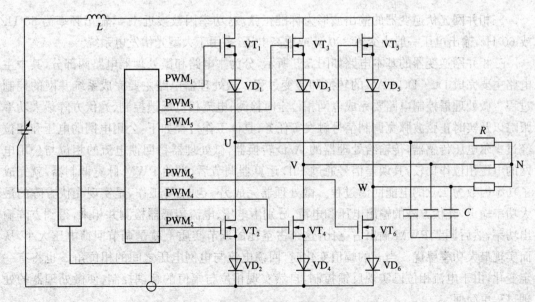

图 5.8 三相电流源型逆变器的基本电路

的不同,由于在直流输入侧串联了大电感 L,减小了直流电流的脉动,当开关器件开关动作和切换时,都能保持电流的连续稳定。

三个桥臂中上边开关元件 VT_1、VT_3、VT_5 中的一个和下边开关元件 VT_2、VT_4、VT_6 中的一个,均按每隔 1/3 周期分别经过电流,输出电流波形为高度是该电流值的 120°通电的方波。另外,在负载是感性负载时,为防止电流急剧变化时产生的浪涌电压(过渡电压),在逆变器的输出端并联了浪涌吸收电容。

三相电流源型逆变器的直流电源,是利用可变电压的电源通过电流反馈控制来实现的,它不能减少因开关动作形成的逆变器输入电压的波动,而产生电流脉动,所以要与电源串接大电感 L。电流源型逆变器在每个功率开关器件上串联一个反向阻断二极管,而电压源型逆变器在每个功率开关器件上并联一个续流二极管,电流源型逆变器非常适合于并网型应用。

5.5 光伏并网逆变器

光伏并网逆变器不仅要将太阳光伏组件发出的直流电转换为交流电,还要对交流电的电压、电流、频率、相位与同步等进行控制,要解决对电网的电磁干扰、自我保护、单独运行和孤岛效应以及最大功率跟踪等技术问题。因此,对逆变器提出更高的技术要求,要求其有较宽的直流电压输入适应范围,体积小,重量轻,可靠性高;输出必须为正弦波电流,通过自动调节实现太阳能电池方阵的最佳高效运行;在电力系统停电时,能独立运行,同时防止孤岛效应的发生。

5.5.1 三相并网光伏逆变器

三相并网光伏逆变器的输出波形为标准正弦波,功率因数接近 1.0,输出频率为 50 Hz 或 60 Hz,输出电压一般为交流 380 V 或更高电压,多用于大型光伏发电系统。

三相并网逆变器的基本电路如图 5.9 所示,分为主电路和微处理器电路两部分,其中主电路主要完成 DC-DC-AC 的转换和逆变过程。微处理器电路主要完成系统并网的控制过程。微处理器控制电路要完成电网相位定时检测、电流相位反馈控制、光伏方阵最大功率跟踪以及实时正弦波脉宽调制信号触发等任务,具体工作过程如下:公用电网的电压和相位经过霍尔电压传感器,传输给处理器的 A/D 转换器,微处理器将回馈电流的相位与公用电网的电压相位作比较,其误差信号通过 PID 运算器调节后,送给 PWM 脉宽调制器,就完成了功率因数为 1.0 的电能回馈过程。微处理器完成另一项主要工作,是实现光伏方阵的最大功率输出,光伏方阵的输出电压和电流,分别由电压、电流传感器检测并相乘,得到方阵输出功率,然后调节 PWM 输出占空比,这个占空比的调节实质上就是调节回馈电压大小,从而实现最大功率寻优。当 u 的幅值变化时,回馈电流与电网电压之间的相位角 φ 也将有一定变化,由于电流相位已实现反馈控制,自然实现相位与幅值的解耦控制,使微处理器的处理过程更简便。

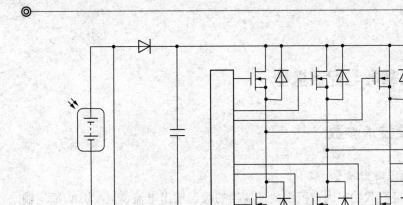

图 5.9 三相并网逆变器的基本电路

5.5.2 单相并网光伏逆变器

单相并网逆变器的输出电压为交流 110 V 或 220 V 等,波形为正弦波时,频率为 50 Hz,多用于小型太阳能光伏系统,其逆变和控制过程与三相并网光伏逆变器基本相似,不过只是单相输出。单相并网逆变器的基本电路如图 5.10 所示。在太阳能光伏并网发电过程中,当电力系统由于某种原因发生异常而停电时,如果太阳能光伏系统不能立即停止工作,或与电力系统断开,则会向电力输电线继续供电,这种运行状态称为孤岛效应。光伏并网逆变器必须具备单独运行检测和防孤岛效应功能。单独运行检测功能又可分为被动式检测和主动式检测两种方式,被动检测方式有电压相位跳跃检测法、频率变化率检测法、输出功率变化率检测法等,主动式检测方式有频率偏离方式、有功率被动方式以及负载变动方式等。

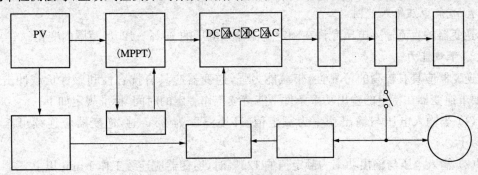

图 5.10 单相并网逆变器的基本电路

5.6 逆变器的技术参数与配置选型

5.6.1 逆变器的主要技术参数

1. 额定输出电流和额定输出容量

额定输出电流指在规定负载功率因数范围内逆变器的额定输出电流,单位为 A,额定输出容量指当输出功率因数为 1 时,逆变器额定输出电流和额定输出电压的乘积,单位是 kVA 和 kW。

2. 额定输出电压

额定输出电压是指在规定的输入直流电压允许的波动范围内,额定输出的电压值,一般为单相 220 V、三相 380 V 等,电压波动偏差有如下规定:

(1) 在稳定运行状态时,电压波动偏差不超过额定值的±5%。

(2) 在负载突变时,电压偏差不超过额定值的±10%。

(3) 在正常工作条件下,逆变器输出的三相电压不平衡度不应超过 8%,输出的电压波形失真度一般要求不超过 5%。

(4) 逆变器输出交流电的频率在正常工作条件下,其偏差应在 1% 以内。

3. 额定输出效率

额定输出效率是指在规定的工作条件下,输出功率与输入功率之比,通常应在 70% 以上,逆变器的效率随负载大小而改变,当负载低于 20% 和高于 80% 时,效率要低一些。执行标准规定:逆变器的输入电压为额定值,输出功率≥75%的额定功率时,其效率应≥80%。

4. 负载功率因数

负载功率因数表示逆变器带感性负载的能力,在正弦波条件下,负载功率因数为 0.7—0.9。

5. 额定直流输入电压

额定直流输入电压指逆变器的额定输入直流电压,小功率逆变器输入电压一般为 12 V 和 24 V,中、大功率逆变器输入电压为 24 V、48 V、110 V、220 V 和 500 V 等等。

6. 额定直流输入电流

额定直流输入电流指逆变器在标准运行状态下的直流工作电流。

7. 直流电压输入范围

逆变器的直流输入电压允许在额定直流输入电压的 90%—120% 范围内变化。

8. 带载能力

逆变器应具有较高的可靠性,带载能力强,逆变器应具有抗容性和感性负载冲击的能力,要求逆变器在特定的输出功率条件下能持续工作一定的时间,标准规定如下:

(1) 当输入电压与输出功率为额定值,环境温度为 25℃ 时,逆变器应连续可靠工作 4 h 以上。

(2) 输入电压与输出功率为额定值的 125% 时,逆变器应连续工作 1 min 以上。

(3) 输入电压与输出功率为额定值的 150% 时,逆变器应连续可靠工作 10 s 以上。

9. 静态电流

静态电流是评价逆变器空载时自身功率损耗的指标,是指在断开负载后,逆变器输入回路的直流电流。逆变器自耗电的电流值不应超过额定输入电流的3%或自耗电功率<1 W(取两者中的较大值)。

10. 使用环境条件

逆变器功率器件的工作温度直接影响到逆变器的输出电压、波形、频率、相位等许多重要特性,而工作温度又与环境温度、海拔高度、相对湿度及工作状态有关,对于高频高压型逆变器,其工作特性和工作环境、工作状态有关,逆变器的正常使用条件为:环境温度:-20—+50℃,海拔≤5500 m,相对湿度≤93%,且无凝露。当工作环境和工作温度超出上述范围时,要考虑降低容量使用或重新设计定制。

11. 保护功能

逆变器应具有如下保护功能:

(1) 欠压保护

当输入电压低于规定的欠压断开值(LVD)时,逆变器应能自动关机保护。

(2) 短路保护

当逆变器输出短路时,应具有短路保护措施,短路排除后,设备应能正常工作。

(3) 过电流保护

当工作电流超过额定值的150%,逆变器应能自动保护,当电流恢复正常后,设备应能正常工作。

(4) 极性反接保护

当逆变器的负极输入端与正极输入端反接时,逆变器应能自动保护,待极性正接后,设备应能正常工作。

(5) 雷电保护

逆变器应具有雷电保护功能,其防雷器件的技术指标应能保证吸收预期的冲击能量。

12. 安全性能要求

(1) 绝缘电阻

逆变器直流输入与机壳间的绝缘电阻应≥50 MΩ,逆变器交流输出与机壳间的绝缘电阻应≥50 MΩ。

(2) 绝缘强度

逆变器的直流输入与机壳间应能承受频率为50 Hz、电压为500 V的正弦波交流电历时1 min的绝缘强度试验,无击穿或飞弧现象。逆变器的交流输出与机壳间应能承受频率为50 Hz、电压为1500 V的正弦波交流电历时1 min的绝缘强度试验,无击穿或飞弧现象。

(3) 输出安全性

逆变器的高压输出端应使用安全插座,其电极不会被人手触及。

13. 电磁干扰和噪声

逆变器中的开关电路极易产生电磁干扰,容易在铁芯变压器上因振动而产生噪声,因而在设计和制造中都必须控制电磁干扰和噪声指标,使之满足有关标准和用户的要求。其噪声要求是:当输入电压为额定值时,在设备高度1/2的正面距离3 m处用声级计分别测量50%额定负载与满载时的噪声,其值应≤65 dB。

5.6.2 逆变器的配置选型

光伏逆变器为光伏系统的核心器件,逆变器性能的改进对于提高系统的效率、可靠性,提高系统的寿命、降低成本至关重要。图 5.11 为光伏逆变器的外型图。

全球调研机构 IHS Markit 公布了 2021 年全球光伏逆变器市场排行榜,前十名企业分别为阳光电源(300274.SZ)、华为、锦浪科技(300763.SZ)、古瑞瓦特、SMA、固德威(688390.SH)、Power Electronics、上能电气(300827.SZ)、SolarEdge 和 TMEIC 等,其中六家为中国企业。

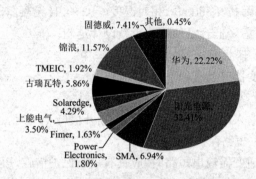

图 5.11 光伏逆变器　　　图 5.12　2022 年全球光伏逆变器生产厂商出货量预测(GW)

2021 年,全球前十大光伏逆变器供应商市场份额达到 82%,华为和阳光电源已经连续七年分别占据第一、二位。2021 年,华为的市场份额继续稳占 23%,阳光电源市场份额从 2020 年的 19% 左右增长到 21% 左右。中国光伏逆变器品牌首次垄断全球前三,中国光伏逆变器品牌总计已占据超过 70% 的全球市场份额。2022 年全球光伏逆变器厂商出货量预测如图 5.12 所示。合肥阳光电源是中国最大新能源电源供应商,产品成功运用于国内众多大型示范工程。表 5.1 为中国光伏逆变器供应商概况。表 5.2 为 FRONIUSIG 逆变器技术参数表。

表 5.1　中国光伏逆变器供应商概况

公司	进入市场时间	产品特点/定位	其他
合肥阳光电源	1997	风力、光伏、电力系统电源并网、离网单机最大功率 1 MW	国内最大新能源电源供应商,产品成功运用于国内众多大型示范工程
华为	2012	率先将 30 多年积累的数字信息技术与光伏跨界融合,推出领先的智能光伏解决方案。	打造"高效发电、智能营维、安全可靠、电网友好"的智能光伏电站,助力光伏成为主力能源。推出行业绿电解决方案,开启低碳新时代。
锦浪科技	2005	MiNi 系列单相组串式逆变器 5－10kW5G 三相组串式逆变器	超高开关频率,设计轻便,安装简易、精确的 MPPT 算法,实时监控。
古瑞瓦特	2010	太阳能并网逆变器功率覆盖 750 W—253 kW,离网及储能逆变器功率覆盖 2—30 kW,产品适用于户用、大型地面及各类储能电站。	专注于研发和制造太阳能并网、储能系统、智能充电桩及智慧能源管理解决方案的新能源企业。
上能电气	2012	提供全场景的光伏发电解决方案,产品覆盖 8 kW—6800 kW 各功率段集中式,组串式、集散式逆变器	广泛应用于大型地面、山地、水面、工商业屋顶和户用等多种场景。

续表

公司	进入市场时间	产品特点/定位	其他
固德威	2010	已研发并网及储能全线二十多个系列光伏逆变器产品,功率覆盖0.7—250 kW,并致力于为家庭、工商业用户及地面电站提供智慧能源管理等整体解决方案。	专注于太阳能、储能等新能源电力电源设备的研发、生产和销售。

表5.2 FRONIUS IG逆变器技术参数表

技术参数/规格型号	15	20	30	40	60
MPP电压范围(V)	150—400	150—400	150—400	150—400	150—400
最大输入电压(V)	500	500	500	500	530
最大输入电流(A)	10.8	14.3	19	29.4	35.8
PV阵列输出(W)	1300—2000	1800—2700	2500—3600	3500—5500	4600—6700
额定输出功率(W)	1300	1800	2500	3500	4600
最大功率输出(W)	1500	2000	2650	4100	5000
最大效率(%)	94.2	94.3	94.3	94.3	94.3
欧盟效率(%)	91.4	92.3	92.7	93.5	93.5
电源电压/频率(V/Hz)	230/50(60)				
外型尺寸(长×宽×高)(mm)	366×344×220 (500×435×225)		610×344×220(733×435×225) 733×435×225		
重量(kg)	9(12)		16(20)		
冷却方式	可控强制风冷				
外壳类型	专业设计的室内机壳;户外安装用外壳(可选)				
使用环境的温度范围(℃)	−20—+50				
可允许的湿度(%)	0—90				

逆变器的配置选型除了要根据整个系统的各项技术指标并参考厂家提供的产品样本手册确定外,一般还要考虑下述几项技术参数:

1. 额定输出功率

额定输出功率表示逆变器向负载供电能力,额定输出功率高的逆变器可以带更多的用电负载,选用逆变器时,应首先考虑具有足够的额定功率,以满足最大负荷下设备对电功率的要求,以及系统扩容及一些临时负载的接入,当用电设备以纯阻性负载为主或功率因数大于0.9时,一般选取逆变器的额定输出功率比用电设备总功率大于10%—15%。

2. 启动性能

逆变器应保证在额定负载下可靠启动,高性能的逆变器可以做到连续多次满负荷启动而不损坏功率开关器件及其他电路,小型逆变器有时采用软启动或限流启动措施或电路。

3. 整机效率

整机效率表示逆变器自身功率损耗的大小,容量较大的逆变器还要给出满负荷工作和低负荷工作下的效率值,一般 kW 级以下的逆变器的效率应为 80%—85%,10 kW 级的效率应为 85%—90%,更大功率的逆变器的效率应在 90%—95%。

4. 输出电压的调整性能

输出电压的调整性能表示逆变器输出电压的稳压能力,一般逆变器都给出了当直流输入电压在允许波动范围变动时,该逆变器输出电压的波动偏差的百分率通常称为电压调整率,高性能的逆变器应同时给出当负载由零向 100% 变化时,该逆变器输出电压的偏差百分率,通常称为负载调整率,性能优良的逆变器的电压调整率应≤3%,负载调整率应≤±6%。

5.7 实训 10 光伏逆变器逆变原理实训

一、实训目的
掌握逆变器的分类以及交变升压工作原理。

二、实训设备

序 号	名 称	备 注
1	太阳能电池板	实验科研平台已配好
2	太阳能逆变器	实验科研平台已配好
3	蓄电池组	实验科研平台已配好
4	万用表	
5	交流阻性负载	与太阳能输出电压等级相匹配
6	双踪示波器	

三、实训原理

逆变器也称为逆变电源,是将直流电能转化成为交流电能的交变装置,是新能源发电设备中的一个重要的部件。随着微电子技术与电力电子技术的发展,逆变技术也从通过支流电动机—交流电动机的旋转方式的逆变技术,发展到了 MOSFET、IGBT、GTO、MCT 等多种先进而且易于控制的功率器件,控制电路也从以前的模拟电路发展到了单片机控制甚至采用数字信号处理器(DSP)控制。

逆变器是通过半导体功率开关的开通和关断作用,把直流电能转变成为交流电能的一种交变装置,是整流变换的逆过程。

(1) 逆变器按照输出波形、主电路拓扑结构、输出相数等方式来分类,可以分为如下几类:

① 按照输出的电压波形分类(方波逆变器、正弦波逆变器、阶梯波逆变器);
② 按照输出交流相数分类(单相逆变器、三相逆变器、多相逆变器);
③ 按照输入直流电源性质分类(电压源型逆变器、电流源型逆变器);
④ 按照电路拓扑结构分类(推挽逆变器、半桥逆变器、全桥逆变器);
⑤ 按照功率流动方向分类(单向逆变器、双向逆变器);
⑥ 按照输出交流电的频率分类(低频逆变器、工频逆变器、中频逆变器、高频逆变器)。

(2) 逆变器的重要参数指标：额定容量；额定功率；输出功率因数；逆变效率；额定输入电压、电流；额定输出电压、电流；电压调整率；负载调整率；谐波因数。

(3) 推挽交变电路：

该电路由两只共负极的功率元件和一个初极带有中心抽头的升压变压器组成。假设交流为纯阻性负载，当 $t_1 \leqslant t \leqslant t_2$ 时，VT_1（设备"逆变器"部分上的"IRF640"）功率管栅极加上驱动信号 U_{g_1}，VT_1 导通，VT_2 截止，变压器输出端感应出正电压；当 $t_3 \leqslant t \leqslant t_4$ 时，VT_2 功率管栅极加上驱动信号 U_{g_2}，VT_1 截止，VT_2 导通，变压器输出端感应出负电压；可用双踪示波器的两个探头分别在设备"逆变器"部分"TP3-1"、"TP3-2"测试孔与接地测试孔（黑）之间测量。

变压器输出端感应出的电压，经过整流电路后通过采样电路将反馈电压信号回输给芯片"SG3525"。可用万用表直流电压挡在设备"逆变器"部分"TP1"测试孔与接地测试孔（黑）之间测量。

四、实训步骤

(1) 打开"KNTS-20W 型太阳能电源教学实训系统"实验箱，将箱盖上的电缆线插头插入箱体面板上的"太阳能电池输入"插座，旋紧螺母。再将箱盖上的太阳能电池板置于阳光直射的位置，必要时可卸下箱盖。

(2) 将面板上的四个钮子开关分别拨向"蓄电池充电"、"逆变"、"蓄电池电压"、"逆变器输入电流"，然后接通"总开关"。此时，"总开关"、"逆变"和"充电"指示灯亮，面板上四个数字表均通电工作，直流电压表显示的是蓄电池的电压。

(3) 将双踪示波器的两个探头分别接到设备逆变器部分"TP_3-1"和"TP_3-2"两个测试孔上，负端共地（黑色端子）。示波器上将显示出 60 kHz 左右的互为闭锁的方波。

(4) 用万用表直流电压挡测量设备逆变器部分"TP_1"测试点上的电压，记录测量出的反馈到芯片"SG3525"的电压采样数值。

(5) 用万用表直流电压挡分别测量逆变器部分"TP_2"（测量值应该乘以 11）与"TP_7"上的直流电压，负端共地（黑色端子）。通过"TP_7"/"TP_2"的比值来计算出升压变压器的变比。

(6) 试验完毕，应该关闭"逆变"和"总开关"，卸下灯泡和电缆线插头，合上实验箱。

五、注意事项

逆变器部分"TP_7"上的直流电压接近 DC100 V，测量时请注意安全。

5.8 实训 11 光伏逆变器全桥逆变实训

一、实训目的

掌握全桥逆变器的工作原理以及关键参数。

二、实训设备

序 号	名 称	备 注
1	太阳能电池板	实验科研平台已配好
2	太阳能逆变器	实验科研平台已配好

续表

序号	名称	备注
3	蓄电池组	实验科研平台已配好
4	万用表	
5	交流阻性负载	与太阳能输出电压等级相匹配
6	双踪示波器	

三、实训原理

单相全桥逆变电路也称为"H 桥"电路,其电路的拓扑结构如图 5.13 所示,它由两个半桥组成,我们以 180°的方波为例说明单相全桥电路的工作原理,"逆变器"部分的功率开关元件 VT_1 与 VT_2 互补,VT_3 与 VT_4 互补,当 VT_1 与 VT_4 同时导通时,负载电压 $U_o=+U_d$;当 VT_2 与 VT_3 同时导通时,负载电压 $U_o=-U_d$;VT_1、VT_4 和 VT_2、VT_3 轮流导通,负载两端就得到交流电能。

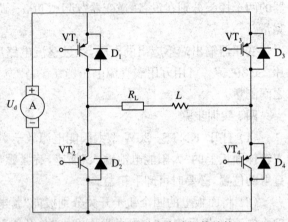

图 5.13 单相全桥逆变电路拓扑结构

假设负载具有一定的电感,即负载电流落后与电压 φ 角度,在 VT_1、VT_4 功率管栅极加入驱动信号时,由于电流的滞后,此时 D_1、D_4 仍处于导通续流阶段,当经过 y 电角度时,电流过零,电源向负载输送有功功率,同样 VT_2、VT_3 功率管栅极加入驱动信号时,D_2、D_3 仍处于导通续流状态,此时能量从负载馈送回直流侧,再经过 y 电角度后,VT_2、VT_3 才真正流过电流。

单相全桥电路在上述工作状态下,VT_1、VT_4 和 VT_2、VT_3 分别工作半个周期,其输出电压波形为 180°的方波,如图 5.14 所示。实际上这种控制方式并不实用,因为在实际的逆变电源中输出电压是需要控制和调节的。

(1)双极性正弦波脉宽调制方式

双极性正弦波脉宽调制原理如图所示。输出电压 $U_o(t)$ 波形在 $0\sim2\pi$ 区间中心对称、在 $0-\pi$ 区间轴对称,其傅立叶级数展开式为:

$$U_o(t)=\sum_{n=1,3,5,\cdots}^{\infty} Bn\sin n\omega t$$

式中 $Bn=\dfrac{2}{\pi}\int_0^\pi U_o(t)\sin n(\omega t)$。输出电压 $U_o(t)$ 是幅值为 U_iN_2/N_1、频率为 f_o 的方波与幅值为 $2U_iN_2/N_1$、频率为 f_c 的负脉冲序列(起点和终点分别为 $a_1,a_2,a_3,\cdots,a_{2p-1},a_{2p}$)的叠加。因此

$$Bn=\left[\dfrac{2}{\pi}\int_0^\pi U_i\dfrac{N_2}{N_1}\sin n\omega t\,\mathrm{d}(\omega t)-\int_{a_1}^{a_2}2U_i\dfrac{N_2}{N_1}\sin n\omega t\,\mathrm{d}(\omega t)-\int_{a_3}^{a_4}2U_i\dfrac{N_2}{N_1}\sin n\omega t\,\mathrm{d}(\omega t)-\cdots-\int_{a_{2p-1}}^{a_{2p}}2U_i\dfrac{N_2}{N_1}\sin n\omega t\,\mathrm{d}(\omega t)\right]$$

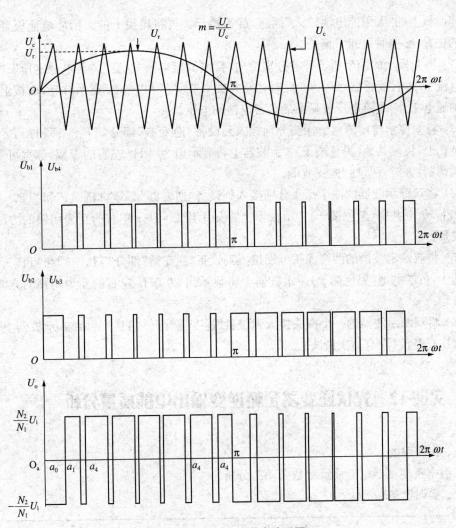

图 5.14 单相全桥逆变波形图

$$= \frac{4U_iN_2}{n\pi N_1}\left[1 - \sum_{j=1}^{p}(\cos na2j - 1 - \cos na2j)\right]$$

输出电压为

$$u_o(t) = \sum_{n=1,3,5\cdots}^{\infty}\frac{4U_iN_2}{n\pi N_1}\left[1 - \sum_{j=1}^{p}(\cos na_{2j-1} - \cos na_{2j})\right]\sin n\omega t$$

输出电压基波分量 $u_{o1}(t)$ 为

$$u_o(t) = \frac{4U_iN_2}{\pi N_1}\left[1 - \sum_{j=1}^{p}(\cos na_{2j-1} - \cos na_{2j})\right]\sin n\omega t$$

(2) SPWM 逆变器调压性能分析

SPWM 逆变器调压性能是指采用 SPWM 控制时逆变器输出基波电压的调节范围、线性度和电压利用率。由上述分析可知：输出电压的基波幅值 U_{olm} 随调制度 m 的变化连续可调，载波比 k 较高时，U_{olm} 与 m 之间有线性关系，且与 k 值无关；当 k 值较低时，调压线性度变差。

四、实训步骤

(1) 打开"KNTS-20W 型太阳能电源教学实训系统"实验箱,将箱盖上的电缆线插头插入箱体面板上的"太阳能电池输入"插座,旋紧螺母。再将箱盖上的太阳能电池板置于阳光直射的位置,必要时可卸下箱盖。

(2) 将面板上的四个钮子开关分别拨向"蓄电池充电"、"逆变"、"蓄电池电压"、"逆变器输入电流",然后接通"总开关"。此时,"总开关"、"逆变"和"充电"指示灯亮,面板上四个数字表均通电工作,直流电压表显示的是蓄电池的电压。

(3) 将双踪示波器的两个探头分别接入到设备"逆变器"部分"TP_5-1"和"TP_5-2"两个测试孔上,负端共地(黑色端子)。示波器上将显示出 20 kHz 左右的等幅、脉宽可变(按照正弦波调制)方波,记录此方波波形。

(4) 将双踪示波器的两个探头分别接入到设备"逆变器"部分"TP_8-1"和"TP_8-2"两个测试孔上,负端共地(黑色端子)。示波器上将显示出 20 kHz 左右的互为闭锁的方波,记录方波波形。

(5) 将双踪示波器的两个探头分别接入到设备"逆变器"部分"TP_8-3"和"TP_8-4"两个测试孔上,负端共地(黑色端子)。示波器上将显示出 20 kHz 左右的互为闭锁的方波,记录方波波形。

(6) 将双踪示波器的一个探头接入到设备"逆变器"部分"TP_9"的两端,示波器上将显示出 50 Hz 正弦波(含有高次谐波)。

5.9 实训 12 光伏逆变器全桥逆变输出电能质量分析

一、实训目的

掌握全桥逆变器电能质量参数及动态分析。

二、实训设备

序 号	名 称	备 注
1	太阳能电池板	实验科研平台已配好
2	太阳能逆变器	实验科研平台已配好
3	蓄电池组	实验科研平台已配好
4	万用表	自备
5	交流阻性负载	与太阳能输出电压等级相匹配
6	双踪示波器	自备
7	功率因数表	自备

三、实训原理

逆变器有许多重要的参数指标:额定容量,额定功率,输出功率因数,逆变效率,额定输入电压、电流,额定输出电压、电流,电压调整率,负载调整率,谐波因数等。

通过观测逆变器输出电能的重要参数来判断和分析逆变器的性能和工作状态。

四、实训步骤

(1) 打开"KNTS-20W 型太阳能电源教学实训系统"实验箱,将箱盖上的电缆线插头插入箱体面板上的"太阳能电池输入"插座,旋紧螺母,再将箱盖上的太阳能电池板置于阳光直射的位置,必要时可卸下箱盖。

(2) 将面板上的四个钮子开关分别拨向"蓄电池充电"、"逆变"、"蓄电池电压"、"逆变器输入电流",然后接通"总开关"。此时,"总开关"、"逆变"和"充电"指示灯亮,面板上四个数字表均通电工作,直流电压表显示的是蓄电池的电压,记录电压值。

(3) 将双踪示波器的一个探头接入到设备"逆变器"部分"TP_9"的两端,示波器上将显示出 50 Hz 正弦波(含有高次谐波),记录正弦波的波形。

(4) 将可以测量谐波的双踪示波器的一个探头接入到设备"逆变器"部分"TP_{10}"的两端,示波器上将显示出 50 Hz 正弦波和高次谐波,或用"自动失真仪"在"TP_{10}"的两端测量谐波分量。

(5) 将双踪示波器的一个探头接入到设备"逆变器"部分"TP_{12}"的两端,示波器上将显示出 50 Hz 正弦波,显示正弦波的有效值、峰值,并记录。

(6) 将双踪示波器的一个探头接入到设备"逆变器"部分"TP_{13}"的两端,示波器上将显示出 50 Hz 正弦波的频率。或用"频率计"在"TP_{13}"的两端测量频率,并记录。

(7) 用万用表的直流 mA 挡,跨接在设备"逆变器"部分"TP_{15}"的两端。测量逆变后的直流分量,并记录。

(8) 将功率因数表接到设备"逆变器"部分"TP_{15}"两端与"TP_{16}"的两端。测量逆变后的功率因数,并记录。

5.10 实训 13 光伏逆变器的设计、制作实训

一、实训目的
掌握太阳能光伏离网逆变器(1 kVA、DC 24 V / AC 220 V、50 Hz)的设计和制作。

二、实训设备
半导体功率开关器件(如 VMOSFET 等)、开关驱动电路(如 SG3525 等)、逆变控制电路(如 MP16、TMS320F206 等)、变压器、电压表和电流表、各种检测仪表等自行选配。

三、实训内容
(1) 自行设计一个太阳能光伏离网逆变器。
(2) 技术要求:
① 逆变器直流输入额定电压:24V,电压范围:21—32 V;额定电流:50 A。
② 逆变器交流输出:额定输出容量:1 kVA。
③ 额定输出电压及频率:AC220 V、50 Hz 正弦波。
④ 额定输出电流:4.5 A。
⑤ 使用环境温度:—20—+50℃。
⑥ 功率因数:0.8,逆变效率:85%。
⑦ 过载能力:150%,10 s。
⑧ 动态响应:5%(负载 0—100%)。
⑨ 波形失真率:≤5%(负载)。
⑩ 具有防极性反接保护功能、欠压保护功能、短路保护功能、耐冲击电压和冲击电流保

护功能。

(3) 画出所设计的光伏离网逆变器的电路原理图。

(4) 画出所设计的光伏离网逆变器的PCB图。

(5) 列出所需的元器件清单。

(6) 按设计方案制作光伏离网逆变器。

(7) 调试、检测制作的光伏离网逆变器的功能。

四、实训记录

(1) 制定设计方案。

(2) 绘制所设计的光伏离网逆变器的电路原理图。

(3) 简述所设计的光伏离网逆变器的工作原理。

(4) 画出所设计的光伏离网逆变器的PCB图。

(5) 画出光伏离网逆变器的实际接线图。

(6) 撰写实训报告。

习 题

(1) 简述逆变电路工作的原理。

(2) 设计一个逆变电路,实现48 V直流电到220 V交流电的逆变。

课题6　太阳能光伏离网系统储能装置

6.1　太阳能光伏离网系统储能装置的作用

我们知道，太阳辐射存在昼夜、季节性和天气变化，因而光伏发电的输出功率和能量随时都在变动，使得用户无法获得连续而稳定的电能供应。因此，在未与公共电网连接的光伏系统，即光伏离网发电系统中，需要依赖储能装置对太阳能电池发出来的电能进行储存和调节，图6.1所示太阳能光伏离网发电系统中的蓄电池就是一种用来储存电能的装置。

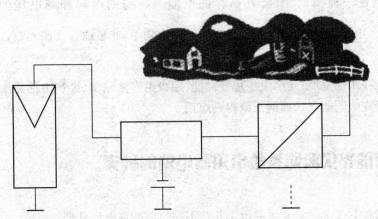

图6.1　离网光伏发电系统框图

蓄电池作为太阳能光伏发电系统中的储能装置，从以下三个方面提高了系统供电质量。

（1）剩余能量的存储及备用。当日照充足时，储能装置将系统发出的多余电能存储，在夜间或阴雨天将能量输出，解决了发电与用电不一致的问题。

（2）保证系统稳定功率输出。各种用电设备的工作时段和功率大小都有各自的变化规律，欲使太阳能与用电负载自然配合是不可能的。利用储能装置，如蓄电池的储能空间和良好的充电与放电性能，可以起到光伏发电系统功率和能量的调节作用。

（3）提高电能质量和可靠性。光伏系统中一些生产负载（如水泵、割草机和制冷机等），虽然容量不大，但在启动和运行过程中会产生浪涌电流和冲击电流。在光伏组件无法提供较大电流时，利用蓄电池储能装置的低内阻及良好的动态特性，可适应上述感性负载对电源的要求。

6.2 太阳能光伏离网系统的主要储能装置

太阳能光伏离网系统的主要储能装置有：

1. 电池储能

目前，国内建设完成的光伏离网系统的储能设备主要使用铅酸蓄电池。铅酸蓄电池是以电化学形式存储能量，通过充电将电能转换为化学能储存起来，使用时再将化学能转换为电能供给用电设备。

小功率场合也可以采用反复充电的干电池，如镍氢电池、锂离子电池等。

2. 电感器储能

电感器本身就是一个储能元件，其储存的电能与自身的电感和流过它本身的电流的平方成正比 $\left(E=\dfrac{LI^2}{2}\right)$。由于电感在常温下具有电阻，其本身就要消耗能量，所以很多储能技术采用超导体。

3. 电容器储能

电容器也是一种储能元件，其储存的电能与自身的电容和端电压的平方成正比 $\left(E=\dfrac{CU^2}{2}\right)$。电容储能容易保持，且能提供瞬间大功率，非常适合于激光器、闪光灯等应用场合。

随着储能技术的发展，还产生了超导储能、超级电容器储能、燃料电池储能等，这些新型储能方式将会在太阳能光伏离网系统得到应用。

6.3 太阳能光伏离网系统常用蓄电池的种类

蓄电池的种类很多。图6.2展示了几种不同类型的蓄电池外形。

蓄电池按照电解液的类型分为两大类，以酸性水溶液为电解质的蓄电池称为酸性蓄电池，由于酸电池的电极主要是以铅和铅的氧化物为材料，故也称为铅酸蓄电池。另一类以碱性水溶液为电解质的蓄电池称为碱性蓄电池。

蓄电池按照其用途可分为循环使用电池和浮充使用电池。循环使用的电池有铁路电池、汽车电池、太阳能蓄电池、电动车电池等类型。浮充使用电池主要是作为后备电源。

按照蓄电池的使用环境可分为固定型电池和移动型电池。固定型电池主要用于后备电源，广泛用于邮电、电站和医院等，因其固定在一个地方，故重量不是关键问题，最大要求是安全可靠。目前用于固定型电池主要有密封型电池和传统的富液电池。移动型电池主要有内燃机用电池、铁路客车用电池、摩托车用电池、电动汽车用电池等。

目前，太阳能光伏离网系统使用的蓄电池主要有铅酸蓄电池、镍镉蓄电池、镍氢蓄电池、锂电池等。铅酸蓄电池具有性能可靠，可提供高脉冲电流，价格低廉等优点；镍镉蓄电池自放电损失小、耐过充放电能力强，但价格较贵。考虑到蓄电池的使用条件和价格，大部分太阳能离网光伏系统选择铅酸蓄电池,近几年来推出的阀控式密封铅酸蓄电池(VRLA)、胶体铅酸蓄电池和免维护蓄电池已被广泛采用。但是传统铅酸蓄电池采用硫酸液为电解质,在生产、使用和废弃过程中,对自然环境造成毁坏性的污染,这也是亟待进行技术改造的课题。

(a) 阀控式密封铅酸蓄电池

(b) 胶体蓄电池

(c) 镍镉蓄电池

图6.2 几种不同类型蓄电池外形

6.3.1 铅酸蓄电池

1. 铅酸蓄电池的基本结构

铅酸蓄电池主要由正、负极板、隔离物、容器和电解液等几部分组成。固定型免维护蓄电池的外形和结构如图6.3所示。

(1) 极板

铅酸蓄电池的正、负极板由纯铅制成,上面直接形成活性物质(即参加化学反应的物质)。正极(阳极)的活性物质为二氧化铅(PbO_2),负极(阴极)的活性物质为海绵状金属铅(Pb)。同极性的极板片用金属条连接起来组成"极板组"或"极板群"。

(2) 隔离物

为防止正、负极板相互接触而发生短路,在两极板之间需插入隔离物,隔离物有木质、橡胶、微孔橡胶、微孔塑料、玻璃等材料,可根据蓄电池的类型选择。

(3) 容器

容器是用来盛装电解液和支撑极板的,通常有玻璃容器、衬铅木质容器、硬橡胶容器和塑料容器。

(4) 电解液

蓄电池的电解液是用蒸馏水稀释高纯度浓硫酸而成。通常用电解液与水的密度(1.0 g/ml)的比值即相对密度来检验电解液的强度。大部分铅酸电池在15℃时,相对密度在1.2—1.3 g/ml 之间。蓄电池用的电解液必须保持纯净,不能含有害于铅酸蓄电池的任何杂质。

2. 铅酸蓄电池的工作原理

在铅酸蓄电池中,由氧化态物质 PbO_2 构成电极的正极,还原物质 Pb 构成负极,浸在电解液(37%稀硫酸)中。当外电路接通两个电极时,氧化还原反应就在电极上进行,电极上的活性物质就分别被氧化还原了,从而释放出电能,这一过程称为放电过程。放电之后,若有反方向电流流入电池时,就可以使两级的活性物质恢复到原来的化学状态,这一过程称为充电过程。其化学反应方程式表示如下:

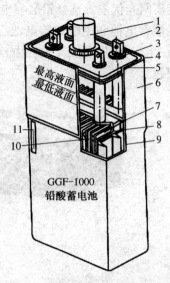

图 6.3 固定型免维护蓄电池结构图
1—防酸柱;2—接线端子;3—固定螺母;4—电池盖;5—封口胶;6—电池槽;7—隔板;8—负极群;9—衬板;10—正极群;11—液中密度计

$$PbO_2 + Pb + 2H_2SO_4 \Leftrightarrow 2PbSO_4 + 2H_2O$$

上式表明,铅酸蓄电池在放电过程中,两电极的活性物质和硫酸(H_2SO_4)发生作用,均转变为硫酸化合物——硫酸铅($PbSO_4$),电解液变为水。在充电过程中,两个电极上的硫酸铅重新转换为正极的 PbO_2 和负极的 Pb,硫酸离子重新回到电解液中,生成硫酸液。

铅酸蓄电池在充电过程后期,正极板产生氧气,负极板产生氢气,称之为放气。少量放气是正常的,但大量放气表明电池正被过充。如果此时周围有火花或明火,可能引发电池爆炸,因此必须保证空气流通良好。

为了解决铅酸蓄电池充电后期水的电解,对铅酸蓄电池结构和材料上进行了改进。如阀控式密封对铅酸蓄电池,它的正、负极板采用特种合金浇铸成型,隔板采用超细玻璃纤维制成。结构上采用紧装配、贫液设计工艺技术,蓄电池槽盖采用 ABS 树脂注塑成型,蓄电池壳内采用单向安全排气阀,蓄电池充放电化学反应密封在蓄电池壳内进行。

正常充电时,到充电后期,正极板开始析出氧气,在负极活性物质过量的前提下,氧气通过玻璃纤维隔膜扩散到负极板上,与海绵状铅发生反应,形成氧化铅,然后又转变为硫酸铅和水,使负极板处于去极化状态或充电不足状态,从而达不到析氢电位,电池不析氢气,实现氧的循环,因而不失水,使电池成为免加水密封电池。

充电过程中,如果蓄电池内部压力过高,单向安全排气阀胶帽将自动开启,当内压恢复正常后就自动关闭,防止外部气体进入,达到防酸、隔爆效果。

由于阀控式密封铅酸蓄电池对传统的防酸、隔爆铅酸蓄电池做出了重要改进,使其具有体积小,自放电小,维护工作量少,对环境无腐蚀、污染等优点,因此在可再生能源离网电站的建设、电信和铁路部门及家用太阳能光伏系统中得到了广泛应用。

6.3.2 碱性蓄电池

碱性蓄电池是以碱性水溶液作为电解液,其结构与铅酸蓄电池相同,有极板、隔离物、容器和电解液。碱性蓄电池按其极板材料,可分为镍镉、镍氢、铁镍和锌银电池等。碱性蓄电池的工作原理与铅酸蓄电池的工作原理相同,只是其电解液和化学反应不同。

1. 镍镉电池

镍镉电池是以氢氧化镍作为正极的活性物质,以镉和铁的混合物作为负极的活性物质,电解液为氢氧化钾水溶液。与铅酸电池相比,其主要优点是:

(1) 比能量高。
(2) 耐全放电。
(3) 机械性能好。
(4) 低温性能良好。
(5) 内阻低,允许大电流输出。
(6) 允许快速充电。
(7) 放电过程中电压稳定。
(8) 易于维护。

其缺点主要是:

(1) 价格是铅酸电池的2—3倍。
(2) 电池效率低(约为75%)。
(3) 如果电池没有完全放电,有记忆效应。
(4) 镉有毒,电池不能破解,而且使用后需合理回收。

2. 镍氢电池

镍氢电池与镍镉电池相似,只是将镉替换为储氢合金电极。它的工作电压与镍镉电池完全相同,工作寿命也大体相当,其主要优点是:

(1) 与同体积镍镉电池相比,容量高50%。
(2) 相比于镉,采用储氢合金电极,没有重金属镉带来的污染问题。
(3) 具有良好的过充电和过放电性能。

3. 铁镍蓄电池

铁镍电池正极采用带活性铁材料的钢丝棉,负极采用带活性镍材料的钢丝棉。此种电池由爱迪生发明,也称为爱迪生电池。其主要优点是:

(1) 价格低。
(2) 使用寿命长(3000次)。

其缺点是:

(1) 电池效率低。
(2) 自放电率高(典型值40%/月)。
(3) 水耗高。

(4) 适用温度受限(0—40℃)。
(5) 内阻大。

4. 锌银电池

锌银电池正极活性物质主要为氧化银,负极活性物质主要由锌制成的一种碱性蓄电池。它的比能量、比功率等性能均优于铅酸、镍镉等系列电池。

5. 锂电池

锂电池分为一次锂电池和二次锂电池。一次锂电池是以锂金属作为阳极,以 MnO_2 等材料为阴极。二次锂电池(亦称为锂离子电池)是以锂离子和炭材料为阳极,MnO_2 等为阴极。锂电池价格很贵,但其优点是:

(1) 高能量密度。
(2) 效率高(在 25—60℃之间效率可达 95%,甚至在 -10℃时,效率也可达 90%)。
(3) 自放电率低,在 25—60℃之间,为(2—4)%/月。
(4) 极低温度下也可运行。

6. 胶体蓄电池

胶体蓄电池属于铅酸蓄电池的一种发展分类,最简单的做法,是在硫酸中添加胶凝剂,使硫酸液变为胶态。电液呈胶态的电池通常称为胶体电池。胶体蓄电池与常规铅酸蓄电池的区别不仅仅在于电液改变为胶凝状,它从最初理解的电解质胶凝,进一步发展至电解质基础结构的电化学特性研究,以及在板栅和活性物质中的应用推广。其最重要的特点是,以较小的工业代价,沿已有 150 多年历史的铅酸蓄电池工业路子制造出更优质的电池。

胶体蓄电池具有以下一些性能和特点:

(1) 密封结构,电解凝胶,无渗漏。
(2) 充放电无酸雾、无污染。
(3) 容量高,与同级铅酸蓄电池相比增加 10%—20%容量。
(4) 自放电小,耐存放。
(5) 过放电恢复性能好,大电流放电容量比铅酸蓄电池增加 30%以上。
(6) 低温性能好,满足 -30—50℃启动要求。
(7) 高温特性好且稳定,满足 65℃甚至更高温度环境使用要求。
(8) 循环使用寿命长,可达到 800—1500 次充放。
(9) 单位容量工业成本低于铅酸蓄电池,经济效益高。

6.3.3 其他新型蓄电池

如前所述,由于生产蓄电池的材料,如铅、酸在废弃后会造成环境污染已成为亟待解决的问题,另一方面,随着市场对大容量、高效率、深充放电蓄电池的需求,许多新型蓄电池正在开发,如硅能蓄电池和燃料蓄电池等。

1. 硅能蓄电池

硅能蓄电池采用液态低碳钢硅盐化成液替代硫酸液作电解质,生产过程不会产生腐蚀性气体,实现了制造过程、使用过程以及废弃物无污染,从根本上改变了传统铅酸蓄电池严重污染的弊病。其比能量特性、大电流放电特性、快速充电特性、低温特性、使用寿命及环保性能等各项性能,均大大优于目前国内外普遍使用的铅酸蓄电池。与其他多种改良的铅酸蓄电池比较,硅能蓄电池电解质改型带来的产品性能优点突出,它掀起了电解质环保和制造业环保的新概念,是蓄电池技术的标志性进步之一。

2. 燃料电池

简单来讲,氢氧燃料电池的工作过程就是交替进行的电解过程。只要燃料(氢气和氧气)充足,则可以连续供电。氢氧燃料电池由正极、负极以及中间的电解质板组成,氧气和氢气通过不同的电极注入,发生化学反应生成电、水和热。

其工作过程为:由负极供给燃料(氢),由正极供给氧化剂(空气),氢在负极分解成正离子和电子,氢离子进入电解液,而电子则沿外部电路(连接负载)移向正极。在正极上,空气中的氧与电解液中的氢离子反应,并吸收抵达正极的电子生成水。

燃料电池中采用燃料重整器从碳氢化合物(如天然气、甲醇以及汽油等)中提取氢。由于燃料电池供电依靠化学反应,而不是依靠燃烧,因此其二氧化碳的排放比清洁能源燃烧的排放量还低。

目前,世界一些国家已开发的燃料电池产品有磷酸型燃料电池、固体氧化物燃料电池、碱性燃料电池、直接甲醇燃料电池及再生氢氧型燃料电池等。其中磷酸型燃料电池作为商业化最好的一种燃料电池,已被广泛应用到了医院、宾馆、写字楼、学校、发电站、机场以及公共汽车和火车上。

6.4 太阳能光伏离网系统常用蓄电池的型号及特性参数

6.4.1 蓄电池的命名方法

蓄电池名称由单体蓄电池格数、型号、额定容量、电池功能或形状等组成。单体蓄电池格数显示为1时(通常被省略),表示其标称电压为2 V;当格数显示为3、6,则表示电压分别为6 V和12 V。各公司的产品型号有不同的解释,但产品型号中的基本含义不会改变。表6.1为蓄电池型号中常用字母的含义。

表6.1 蓄电池型号中常用字母的含义

代号	拼音	汉字	全 称	代号	拼音	汉字	全 称
G	Gu	固	固定型	D	Dong	动	动力型
Q	Qi	启	启动型	N	Nei	内	内燃机车型
F	Fa	阀	阀控式	T	Tie	铁	铁路客车型
M	Mi	密	密封	D	Dian	电	电力机车型
J	Jiao	胶	胶体				

例如:GFM-500,表示额定电压为2 V;G为固定型;F为阀控式;M为密封;额定容量为500 A·h。

6-GFMJ-100,6为有6个单体,额定电压为12 V;G为固定型;F为阀控式;M为密封;J为胶体;额定容量为100 A·h。

6.4.2 蓄电池的特性参数

描述蓄电池特性的参数很多,下面主要对太阳能光伏系统选用蓄电池有关的性能参数进行简要说明。

1. 蓄电池的电压

蓄电池每单格的标称电压为 2 V,其实际电压是随着充电和放电过程的变化而变化。

(1) 充电时端电压的变化

铅蓄电池的充电特性如图 6.4 所示。当以稳定的电流对蓄电池进行充电时,蓄电池的充电过程有三个阶段:充电初期,电压快速上升,如图中曲线 oa 段。充电中期,电压缓慢上升,如图中曲线 ab 段。充电后期,蓄电池极表面上的硫酸铅已大部分还原为二氧化铅和海绵状铅,电化学反应接近结束,所以电压比较缓慢上升,如图中曲线 bc 段。蓄电池充电特性表明,c 点电压标志着蓄电池已充满电,此时应停止充电,否则易造成蓄电池损坏。充电结束时,端电压为 2.5—2.7 V,以后慢慢降至 2.05 V 左右的稳定状态,如图中曲线的虚线部分 de 段。

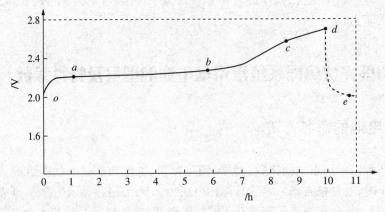

图 6.4 蓄电池充电时端电压的变化曲线

(2) 放电时端电压的变化

铅蓄电池的放电特性如图 6.5 所示。充电后的电池以恒定电流进行放电时,端电压的变化过程主要分三个阶段:放电开始时,端电压迅速降低,如图中曲线 oa 段。放电中期,电池端电压呈缓慢降低趋势,如图中曲线 ab 段。在放电末期,电池酸浓度降低,引起电动势降低,同时活性物质的不断消耗,反应面积减小,使极化不断增加,导致端电压急剧下降,如图中曲线 bc 段。放电至 c 点时,电压已降到 1.8 V 左右,放电便告结束。如果继续放电,端电压急剧下降,这种现象称为过放电。蓄电池停止放电后,端电压能自动回升稳定在 2 V 左右,如图中曲线的虚线部分 ce 段。

2. 蓄电池容量

蓄电池容量就是蓄电池的蓄电能力。通常以蓄电池充满电后放电至规定的终止电压时,电池所放出的总电量来表示。当蓄电池以恒定电流放电时,它的容量等于放电电流值与放电时间的乘积,单位为安培小时,简称安时(A·h)。不同放电电流、不同放电时间所放出的容量是不同的。所以,蓄电池的容量不是一个固定的参数。

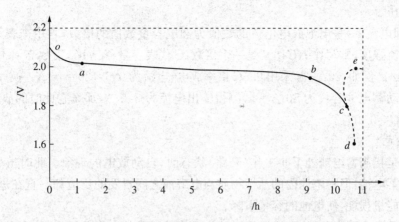

图 6.5 蓄电池放电时端电压的变化曲线

蓄电池的容量有理论容量、实际容量和额定容量之分。理论容量是根据活性物质的质量按法拉第定律计算而得的最高值。实际容量是指蓄电池在一定放电条件下能输出的电量,它低于理论容量。额定容量(C),亦称标称容量,是按照国家或有关部门颁布的标准,保证电池在一定的放电条件下应该放出最低限度的电量值。通常采用在 25℃ 环境温度下,蓄电池充满其容量,并搁置 24 h 后,10 小时放电率电流放电至其终止电压(1.75—1.8 V/单体)所输出的容量。

3. 终止电压

终止电压是指电池放电时电压下降到不宜再放电时的最低工作电压。为了防止电池不过放电而损坏电极,在各种标准中不同放电率和温度下放电时,都规定了电池的终止电压。后备电源系列电池 10 h 放电率和 3 h 放电率放电的终止电压为 1.8 V/单体,1 h 放电率终止电压为 1.75 V/单体。对于太阳能用蓄电池,针对不同型号和用途,终止电压值不是固定不变的,它随着放电电流的增大而降低,通常小于 10 h 的小电流放电,终止电压取值较高;大于 10 h 的大电流放电,终止电压取值较低。

4. 放电深度(depth of discharge)

放电深度(DOD)是指蓄电池放出的容量与电池额定容量的比值,通常以放出的电量与电池额定容量之比的百分数表示。例如,某台蓄电池额定容量为 200 A·h,经放电后容量剩余为 80 A·h,实际放出容量为 120 A·h,此时称该蓄电池的放电深度是 60%。

5. 放电速率

放电速率也简称放电率,是指在一定放电条件下,蓄电池放电至放电终止电压的时间长短。常用时间率和倍率表示。

时间率(即小时率)是以放电时间表示的放电速率,即某电流放电至规定终止电压所经历的时间。根据 IEC 标准,放电的时间率有 20 h、10 h、5 h、3 h、0.5 h 等。最常见的有 20 h、10 h 小时率。

用容量除小时数即可得出蓄电池额定放电电流。例如,一个自行车用的电池容量为 10 A·h、放电率为 2 h,它的额定放电电流为 10 A·h/2 h=5 A;而一个汽车启动用的电池容量为 50 A·h,放电率为 20 h,它的额定放电电流为 50 A·h/20 h=2.5 A。换句话说,这两种电池如果分别 5 A 和 2.5 A 的额定电流放电,则应该分别经历 2 小时和 20 小时才下降到设定的电压。

倍率(即电流率)是电池放电电流的数值为额定容量数值的倍数,它用来表示蓄电池在工作中的电流强度,常写作 NC。N 是一个倍数,C 代表容量(A·h),倍数 N 乘以容量 C 就等于电流(A)。例如,20A·h 采用 0.5C 倍率放电,电流为 0.5×20＝10 A。换一个角度说,如某汽车启动蓄电池容量为 50 A·h,测得输出电流为 5.0 A,那么它此时的放电倍率 NC 为(5.0/50)C＝0.1C。

6. 自放电

自放电是指当蓄电池处于非工作(开路)状态时,自动放电的现象。此时虽然蓄电池没有电流流过蓄电池,但是电池内的活性物质与电解液之间自发的反应却一直在进行,造成电池内的化学能量损耗,使电池的容量下降。

自放电通常主要在负极,因为负极活性物质为较活泼的海绵状铅电极,在电解液中其电势比氢负,可发生置换反应。若在电极中存在着析氢过电位低的金属杂质,这些杂质和负极活性物质能形成腐蚀微电池,结果负极金属自溶解,并伴有氢气析出,从而容量减少。若电解液中或隔膜上存在易于被氧化的杂质,也会引起正极活性物质的还原,从而减少容量。

自放电现象和环境温度有关。当温度较高时,自放电现象比较明显。

7. 比能量

比能量是指电池单位质量或单位体积所能输出的电能,单位分别是 W·h/kg 或 W·h/L。比能量有理论比能量和实际比能量之分。理论比能量指 1 kg 电池反应物质完全放电时理论上所能输出的能量。实际比能量为 1 kg 电池反应物质所能输出的实际能量。由于各种因素的影响,电池的实际比能量远小于理论比能量。

比能量是综合指标,它反应了蓄电池的质量水平,也表明生产厂家的技术和管理水平,常用比能量来比较不同厂家生产的蓄电池。

8. 蓄电池内阻

蓄电池内阻是指电流通过电池内部受到的阻力,它包括欧姆电阻和极化电阻两部分。欧姆电阻主要由电极材料、隔膜、电解液、接线柱等构成。极化电阻主要是由电池放电或充电过程中两电极进行化学反应时极化产生的内阻。电池的内阻不是常数,在充放电过程中随时间不断变化,同时还与放电电流的大小和温度等因数有关。电池内阻会严重影响电池的工作电压、工作电流和输出能量,因而内阻愈小电池的性能愈好。

9. 能量效率

蓄电池的能量效率是指当电流保持恒定,在相等的充电和放电时间内,蓄电池放出电量和充入电量的百分比。在设计太阳能光伏系统蓄电池储能单元时,能量效率是一个重要的参数。

10. 循环寿命

蓄电池的寿命可以用充放循环寿命(循环寿命)、使用寿命和横流过充电寿命三种方法来评价。可再生能源离网供电系统的设计和使用人员最关注的是充放循环寿命。蓄电池的循环寿命,以充放电循环次数的多少来衡量。蓄电池经历一次充电和放电,称为一次循环(即一个周期)。在一定放电条件下,电池使用至某一容量规定值之前,电池所能承受的循环次数,称为循环寿命。

蓄电池的使用寿命以蓄电池的工作年限来衡量。根据国家标准规定,固定型(开口式)

铅酸蓄电池的充放电循环寿命不低于1000次,使用寿命应不低于10年。

影响蓄电池寿命的主要因素有:

(1) 温度

温度是影响蓄电池正常工作的和寿命的一个主要因素。持续过高的温度会造成浮充电流加大,内部热量增加,失水过快,导致热失控,使蓄电池的寿命降低。如环境温度过低,在低温充电时引起气体析出造成内部压力增大和电解液减少,也缩短了蓄电池寿命。在使用时,应尽可能保持放置蓄电池组的场所环境温度不要过高和过低。一般蓄电池生产厂家要求的环境温度是在15—20℃。一般认为,阀控式铅酸蓄电池的工作温度在20—30℃范围内工作较为理想。

(2) 放电深度

放电深度对寿命的影响主要表现在,放电深度大,相对使用寿命越短。因为蓄电池正极板上活性物质二氧化铅(PbO_2)相互结合得不是很牢,放电时生成的硫酸铅($PbSO_4$)体积又比 PbO_2 大,使放电后的活性物质体积加大,充电又生成体积小的 PbO_2。这样反复地收缩和膨胀,就使 PbO_2 粒子之间的相互结合逐渐松弛,易于脱落,从而使容量降低。因此,对同一负载来说,使用更多容量的蓄电池比小容量蓄电池有更长的寿命。

(3) 过度充电

当蓄电池过度充电时蓄电池的极板、分离栅等部件必须承受由于电接点氧化而造成的损坏,特别在浮充电时损坏更为严重。

(4) 局部放电

铅酸蓄电池无论在放电时还是在静止状态下,其内部都有自放电现象,称为局部放电。产生局部放电的原因主要是由于电池内部有杂质存在。尽管电解液是由纯净浓硫酸和纯水配制而成,但还是含有少量的杂质,而且随着蓄电池使用时间的增长,电解液中的杂质缓慢增加。这些杂质在极板上构成无数微形电池产生局部放电,无谓地消耗着蓄电池的电能。为了减少蓄电池的局部放电影响,在安装、维护工作中应选择合格的硫酸和纯水,尽量防止有害杂质落入电池。局部放电还与蓄电池的使用温度有关,温度越高,局部放电越严重,从这个意义上来讲,应尽量避免蓄电池在过高温度下运行。

6.4.3 太阳能光伏离网系统对蓄电池的基本要求

蓄电池作为太阳能光伏离网系统中的储能设备,频繁处于充电—放电的反复循环中,而且会经常发生过充电或深度放电等不利的工作情况。因此,蓄电池的工作性能和循环寿命成为最关注的问题。鉴于太阳能光伏系统用蓄电池的运行特点,对其基本要求是:

(1) 自放电率低。
(2) 循环寿命长。
(3) 具有深循环放电性能。
(4) 充电效率高。
(5) 在低温下具有良好的充电、放电特性。
(6) 少维护或免维护。
(7) 工作温度范围宽。

(8) 具有较高的性能价格比。

6.5 太阳能光伏离网系统常用蓄电池的安装和维护

6.5.1 蓄电池组的安装

单体蓄电池的容量和电压是有限的,因此,需要将若干个蓄电池通过串联或并联方式连接来满足系统对电压和储电量的需求。

1. 蓄电池串联

相同蓄电池串联时,串联后的电压等于它们各个蓄电池电压之和。例如,6个2 V/500 A·h的蓄电池串联后电压是12 V,蓄电池串联后的输出电流与单个蓄电池一样,其电流强度为倍数N乘以容量C,即$N\times 500$ A·h。

2. 蓄电池并联

相同蓄电池并联时电压不变,电流为各并联电池之和。例如,6个2 V/500 A·h的蓄电池并联后,电压还是2 V,输出电流是单个蓄电池的6倍,即$N\times 6\times 500$ A·h。

3. 蓄电池组

为了满足系统对储能的要求,往往先要把蓄电池进行串联,以满足系统对直流电压的要求,然后再把串联组进行并联,以满足总电量的要求。例如,某系统需要直流电压24 V,蓄电池能储存电量24 kW·h,用2 V/500 A·h的蓄电池实现。

首先,将12个2 V/500 A·h的蓄电池串联,组成一个24 V/500 A·h的电池串。然后,再将相同的两组串联的蓄电池组并联,就构成了一个蓄电池组,满足系统要求。该电池组参数为:

电压:2 V×12=24 V。

容量:500 A·h×2=1000 A·h。

总储存电量:24 V×1000 A·h=24000 A·V·h=24 kW·h。

总共需要2 V/500 A·h的单体蓄电池24块。

6.5.2 安装蓄电池时应注意的问题

(1) 加完电解液的蓄电池应该将加液孔的盖子拧紧,以防止杂质掉进蓄电池内部。胶塞上的通气孔必须保持畅通。

(2) 各接线夹头和蓄电池极柱必须保持紧密接触。连接导线接好后,需在各连接点上抹一层薄的凡士林油膜,以防连接点锈蚀。

(3) 蓄电池应放在室内通风良好、不受阳光直接照射的地方。距离热源不应少于2 m,室内温度应保持在10—25℃之间。

(4) 蓄电池与地面之间应采取绝缘措施,例如,可以垫置模板或其他绝缘物体,以免因为蓄电池与地面短路而放电。

(5) 放置蓄电池的位置应该选择在离太阳能电磁方阵较近的地方。连接导线应该尽量缩短,选择的导线直径不可太细,以尽量减少不必要的线路损耗。

(6) 不能将酸性蓄电池和碱性蓄电池同时安置在同一房间内。

(7) 对安置蓄电池较多的蓄电池室,冬天不允许采用明火取暖,而宜采用火墙、太阳能房等方式提高室内温度,并要保持良好的通风条件。

6.5.3 铅酸蓄电池的维护

如前所述,蓄电池循环寿命主要由电池工艺结构与制造质量决定,但使用过程及维护对蓄电池的寿命有很大影响。因而必须加强对蓄电池的维护和管理,严格执行有关蓄电池维护工作的各项规定。下面主要说明开口式固定型铅酸蓄电池维护的基本事项。

1. 蓄电池检查工作

定期对蓄电池进行外部检查。值班人员或蓄电池工一般每班或每天检查一次。蓄电池专职技术人员或电站负责人应会同蓄电池工每月进行一次详细检查。检查内容见表6.2。

表6.2 蓄电池定期检查的内容

	蓄电池检查的内容
每日检查	1. 室内温度、通风和照明情况 2. 玻璃缸和玻璃盖的完整性电解液 3. 液面的高度,有无电解液漏出缸外 4. 典型蓄电池的电解液密度和电压、温度是否正常 5. 母线与极板等的连接是否完好,有无腐蚀,有无涂凡士林油等 6. 室内的清洁情况是否良好,门窗是否严密,墙壁有无剥落 7. 浮充电的电流值是否适当 8. 各种工具仪表及劳保工具是否完整
每月检查	1. 每个蓄电池电压、电解液密度和温度 2. 每个蓄电池的电解液液面高度 3. 极板有无弯曲、硫化和短路 4. 沉淀物质的厚度 5. 隔板、隔棒是否完整 6. 蓄电池的绝缘是否良好 7. 进行充、放电过程的情况,有无过充电、过放电或充电不足等情况 8. 蓄电池运行记录是否完整,记录是否及时正确

2. 蓄电池日常维护工作

蓄电池日常维护主要内容见表6.3。

表6.3 蓄电池日常维护的内容

	蓄电池维护的内容
日常维护	1. 清扫灰尘,保持室内清洁 2. 及时检修不合格的蓄电池 3. 清除漏出的电解液 4. 定期给连接端点涂抹凡士林油 5. 定期进行充电、放电 6. 调整电解液的液面高度和密度

3. 检查蓄电池是否完好的标准

检查蓄电池是否完好,主要从四个方面进行对照,检查标准见表 6.4。

表 6.4 蓄电池完好标准

	蓄电池完好标准
一、运行正常,供电可靠	1. 蓄电池组能满足正常供电的需要 2. 室温不低于 0℃,不超过 30℃;电解液温度不超过 35℃ 3. 各蓄电池电压、电解液密度应符合要求,无电压值明显偏小的蓄电池
二、构件无损,质量符合要求	1. 外壳完整,盖板齐全,无裂纹和缺损 2. 台架牢固,无明显腐蚀 3. 建筑符合要求,通风系统良好,室内整洁无尘
三、主体完整,附件齐全	1. 极板无弯曲、断裂、短路和生盐现象 2. 电解液质量符合要求,液面高度超出极板 10—20 mm 3. 沉淀物无异状,无脱落,沉淀物和极板之间的距离在 10 mm 以上 4. 具有温度计、密度计、电压表和劳保用品等
四、技术资料齐全准确	1. 制造厂家的说明书 2. 每个蓄电池的充、放电记录 3. 蓄电池维修记录

6.5.4 蓄电池管理维护工作需注意的问题

蓄电池的维护工作中必须注意以下几项要求:

(1) 维护蓄电池工作严禁携带金属饰品。

(2) 蓄电池室门窗应密封完好,防止尘土入内。要保持室内清洁,清扫时严禁将水洒在蓄电池上,应保持室内干燥和通风良好,光线充足,但不应使阳光直射到蓄电池上。

(3) 蓄电池室内严禁烟火,尤其在蓄电池处于充电状态时,不得将任何火焰或有火花发生的器械带入室内。

(4) 除工作需要外,不得随意挪开蓄电池上盖,以免杂物掉入电解液内,尤其不要使金属物落入蓄电池内。

(5) 在调配电解液时,应将硫酸徐徐注入蒸馏水内,并用玻璃棒不断搅拌均匀,严禁将水注入硫酸内,以免发生剧烈爆炸和硫酸飞溅伤人。

(6) 维护蓄电池时,要防止触电、防止蓄电池短路或断路,清扫时应使用绝缘工具。

(7) 在对蓄电池进行维护时,维护人员应佩戴防护眼镜、穿防护服和戴橡胶手套。当有电解液溅洒到身上时,应立即用 50% 苏打水擦洗,再用清水冲洗。

习 题

(1) 为什么光伏离网发电系统需要蓄电池?
(2) 简述铅酸蓄电池的工作原理。

(3) 请说明下列蓄电池的型号所表示的含义。
GFM-1000、3-FM-200、6-GFM-150、6-TM-60。
(4) 蓄电池的循环寿命的含义是如何理解的？
(5) 影响蓄电池寿命的主要因素有哪些？
(6) 某系统需要直流电压 48 V，蓄电池能储存电量 48 kW·h，用 2 V/500 A·h 的蓄电池实现。应怎样连接蓄电池？并说明该蓄电池组的电压、容量、总电量各是多少？

课题 7　太阳能光伏系统设计

7.1　太阳能光伏系统组成原理及分类

太阳能光伏系统是一种新型能源系统应该属于发电系统,太阳能光伏系统设计分为软件设计和硬件设计。软件设计包括:负载的功率和用电量的设计和计算、太阳能光伏阵面辐射量的计算、太阳能电池组件、蓄电池用量的计算和二者之间的相互匹配的优化设计、系统运行情况的预测和系统经济效益的分析等等。硬件设计包括:负载类型的确定和限制、太阳能电池组件和蓄电池的选型、太阳能电池方阵支架的设计、逆变器的选型和设计、防雷接地的设计、配电系统的设计及辅助和备用电源的选型和设计。

7.1.1　太阳能光伏系统的组成和工作原理

太阳能光伏系统的应用形式多种多样,应用规模也跨度很大,从小到不足一瓦的太阳能草坪灯、大到几百千瓦甚至几兆瓦的大型光伏发电站,但它们的太阳能光伏系统的组成和工作原理却基本相同,主要由以下几部分组成:太阳能电池组件(方阵)、光伏充放电控制器、逆变器、蓄电池(组)等储能器件以及一些测试、监控防护等附属电力电子设施。太阳能光伏系统的基本工作原理,就是太阳电池组件(方阵)在太阳光的照射下,产生电能,电能通过控制器的控制,给直流负载直接供电或者给蓄电池充电,如果是交流负载,还要应用逆变器将太阳电池产生的直流电转换为交流电,在太阳光照不足或夜间可通过蓄电池给负载供电。

7.1.2　太阳能光伏系统的分类

太阳能光伏系统可分为独立(离网)光伏系统和并网系统两大类。其中,独立供电系统包括直流光伏系统、交流光伏系统和交直流混合光伏系统。并网光伏系统又可分为有逆流型光伏并网系统、无逆流型光伏并网系统、切换型并网系统、混合型系统以及地域型系统等等。下面对各种光伏系统的构成和工作原理分别予以介绍。

1. 无蓄电池直流光伏系统

无蓄电池直流光伏系统的负载是直流负载,负载主要在白天使用。太阳能组件直接与负载相连,有阳光时,就发电供负载工作;无阳光时就停止工作,可提高太阳能的利用效率,其典型应用是太阳能光伏水泵。

2. 有蓄电池的直流光伏系统

有蓄电池的直流光伏系统如图 7.1 所示,该系统由太阳电池组件、充放电控制器、蓄电池以及直流负载等组成。有阳光时,太阳电池将光能转换为电能,供负载使用,并同时向蓄电池存储电能,夜间或阴雨天时,则由蓄电池向负载供电。这种系统应用广泛,可用于草坪灯、移动通信站、边远地区农村供电等。

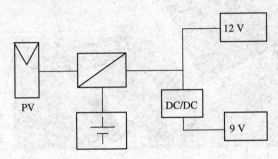

图 7.1　有蓄电池的直流光伏系统

3. 交流及交、直流混合光伏系统

交流及交直流混合光伏系统如图 7.2 所示,交流光伏系统中增加逆变器,把直流电转换成交流电,为交流负载供电。

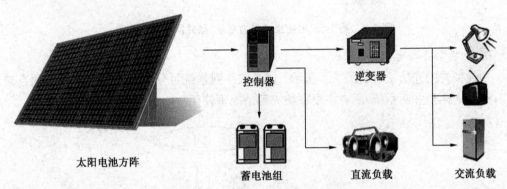

图 7.2　交流及交直流混合光伏系统

4. 有逆流并网光伏系统

并网光伏系统就是太阳能电池组件产生的直流电,经过并网逆变器转换成符合市电电网要求的交流电之后直接接入公共电网。并网光伏系统有集成式大型并网光伏系统,也有分散式小型并网光伏系统。有逆流(电能反送电力系统)型并网光伏系统如图 7.3 所示,当太阳能光伏系统发出的电供给负载后若剩余电能,则应将其输入到公共电网中,并向电网供电,这样可以充分发挥太阳电池的发电能力,使电能得到充分利用。当太阳能光伏系统供电不能满足负载需求时,可以从电网系统得到电能。有逆流型并网系统可广泛用于家庭、工业电源等场合,这种不带蓄电池有逆流型的并网光伏系统,可省去蓄电池费用,减少运营的费用,该系统十分的经济。

5. 无逆流型并网系统

太阳能光伏系统发电供给负载后,即使有剩余电能,也不向公共电网供电如图 7.3 所示,但当太阳能光伏系统供电不足时,则由公共电网向负载供电。

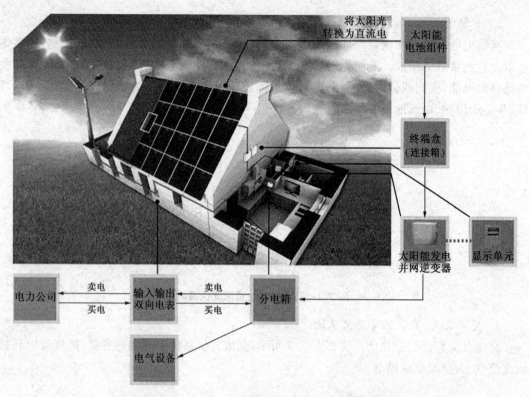

图 7.3　有逆流(电能反送电力系统)型并网光伏系统图

6. 切换型并网光伏系统

切换型并网光伏系统如图 7.4 所示，切换型并网系统可分为一般情况下使用的系统以及自运行切换型并网系统，后者主要在防灾等情况下使用。

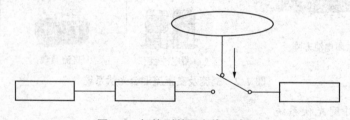

图 7.4　切换型并网光伏系统图

（1）切换型并网光伏系统

切换型并网光伏系统主要由太阳电池组件、蓄电池、逆变器、切换器及负载等构成。正常情况下，光伏系统与公共电网分离，直接向负载供电，当日照不足、夜间、阴雨天或蓄电池电量不足时，切换器自动切换到公共电网一侧由公共电网向负载供电，这种系统可减少蓄电池容量，节省费用。

（2）自运行切换型并网光伏系统

该系统一般用于灾害、救灾等情况下，如图 7.5 所示。正常情况下光伏系统并网装置与公共电网相连，光伏系统产生的电能供给负载，多余的电能流入公共电网，当出现异常情况或发生灾害时，系统并网保护装置动作，使光伏系统与公共电网分离，接通对应急负载的供电。带有蓄电池的自运行切换型并网光伏系统，可作为紧急通讯、医疗设备、避难所、加油站以及照明等电源。

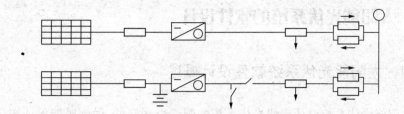

图 7.5　自运行切换型并网光伏系统

7. 混合型并网光伏系统

混合型并网系统指太阳能光伏系统与其他发电系统,如风力发电、燃料电池发电等组合,并与公共电网并网。该系统适用于太阳电池组件的电能输出不稳定、电量不足、需要使用其他能源作为补充时的情况。

(1) 风光互补型并网发电系统

风光互补型并网发电系统将风力发电、光伏发电的电能通过逆变器与公共电网并网,并向负载供电。如图 7.6 所示,在该系统中利用光伏发电与风力发电的互补性,负载优先使用太阳能光伏和风力发电产生的电能,当供电不足时,由公共电网供电,当有剩余电能时,通过并网保护装置送给公共电网(卖电)。

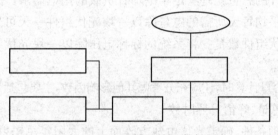

图 7.6　风光互补型并网发电系统

(2) 太阳能光伏、燃料电池并网系统

太阳能光伏、燃料电池并网系统由太阳能光伏系统、燃料电池系统、供热系统及负载等构成,如图 7.7 所示。燃料电池使用煤气作为燃料,该系统可以综合利用能源,提高能源的综合利用率,可以作为个人住宅用电源使用。

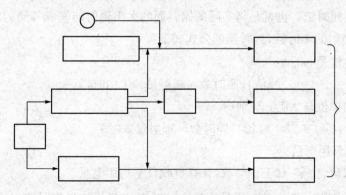

图 7.7　太阳能光伏、燃料电池并网系统

7.2 太阳能光伏系统的软件设计

7.2.1 太阳能光伏系统软件设计概述

太阳能光伏系统设计要使光伏系统的配置恰到好处,做到既能保证光伏系统的长期可靠运行,充分满足负载的用电需求,同时又使配备的太阳电池方阵和蓄电池的容量最小,充分注意地理、气候环境的影响,达到可靠性和经济性的最佳组合。

7.2.2 太阳能光伏组件(方阵)设计

太阳能光伏组件容量设计时,应考虑季节变化对光伏系统输出的影响,逐月进行设计计算,对于全年负载不变的情况,光伏组件的计算应基于对应倾角的辐照最低的月份。对负载变化的情况,应按月逐一计算,计算的最大光伏组件容量即为光伏组件容量。设计太阳能光伏组件要满足光照最差的太阳能辐射量最小季节的需要,容量设计的基本思想是保持系统供需电量平衡,即系统发出的电量与用户的用电需求基本一致。

独立光伏系统设计的思想就是满足年平均日负载的用电需求,计算独立光伏系统容量的基本方法是用负载平均每天所需的电量除以一块光伏组件一天可发出电量,这样就可以计算出系统需要的光伏组件数量。将系统的标称电压除以一块光伏组件的电压,就可以得到光伏组件的串联数量。

太阳能光伏组件容量计算时,还应充分考虑其他影响因数,主要包括灰尘覆盖、线路损失等。

(1) 确定年辐射总量、峰值日照时数

根据当地气象地理条件,确定光伏电池方阵面上的太阳年总辐射量、日辐射量、峰值日照时数(考虑最差月)。太阳能光伏系统的能量来自日照,总体来说,太阳辐射量随着季节变换,夏季最高,冬季最低,但天气存在阴晴雨雾的变化,因而日照提供的可利用能量随时间和气候的变化而变化。

根据当地的气象资料,可得到水平面上辐射量,太阳电池方阵面上的辐射量要比水平面辐射量高5%—15%,纬度越高,倾斜面比水平面增加的辐射量越大,再将倾斜方阵面上的辐射量转换成峰值日照时数。也就是将实际的倾斜面的太阳辐射转换成等同的利用标准太阳辐射 $1000\ W/m^2$ 照射的小时数,其转换的公式如下:

如果辐射量单位是 cal/cm^2,则

$$峰值日照时数 = 辐射量 \times 0.0116$$

如果辐射量的单位是 MJ/m^2,则

$$峰值日照时数 = 辐射量 \div 3.6$$

(2) 确定负载日用电量

根据负载的数量、功率、日工作时数,计算负载日平均用电量

$$负载日平均用电量 = \sum 负载的数量 \times 功率 \times 日平均工作时数(W \cdot h)$$

$$日平均负载 = \frac{负载日平均用电量}{系统直流电压}(A \cdot h)$$

（3）光伏组件容量

根据峰值日照时数计算光伏组件容量，确定光伏组件串并联情况。

$$光伏组件容量 = \frac{每日需要产生电能}{峰值日照时数}$$

在确定太阳电池组件的容量时，要考虑各种损耗。在实际情况工作下，太阳电池组件的输出会受到如灰尘、遮蔽等外在环境的影响而降低，可将太阳电池组件输出降低10%来解决上述影响，在蓄电池的充放电过程中，铅酸蓄电池会电解水，产生气体逸出，太阳电池组件产生的电流中将有一部分不能储存起来而耗散掉，可用蓄电池的库仑效率来表示这种电流损失，通常认为有5%—10%的损失，可将太阳电池组件功率增加10%，以抵消蓄电池的耗散损失。对于交流系统，加入逆变器后有一个逆变效率，其转换效率可取90%。另外，考虑控制器接入电能损耗以及组件功率衰减等因素，使组件的输出降低10%，长期使用组件功率损耗，使输出降低10%。综合考虑以上因素，太阳电池组件的并联数为：

$$太阳电池组件的并联数 = \frac{日平均负载(A \cdot h)}{(组件日平均发电量 \times 衰减系数)}$$

太阳电池组件日平均发电量：

$$太阳电池组件日平均发电量 = 组件峰值工作电流 \times 峰值日照时数$$

$$N_P = \frac{\sum P_i H}{U I_m H_P K}$$

$$K(衰减系数) = K_1 K_2 K_3 K_4 K_5$$

式中，P_i 为负载功率；H 为日工作时数；U 为系统直流电压；I_m 为太阳电池组件峰值工作电流；H_P 为峰值日照时数；N_P 为光伏组件并联数。

K_1 为库仑效率，通常取 0.8—0.9；K_2 逆变器的转换效率，取 0.8—0.9；

K_3 为灰尘遮挡损失系数，取 0.9—0.95；K_4 温度补偿系数，取 0.9——0.95；

K_5 为方阵组合损失系数（组件功率衰减系数），取 0.9—0.95。

K_1—K_5 可根据实际情况和厂家资料进行选择和调整。

太阳能光伏组件的串联数

$$N_s = \frac{1.43 U}{U_m}$$

U_m 为太阳电池组件的峰值工作电压；N_s 为光伏组件串联数；U 为系统直流电压，通常取 12 V、24 V、48 V、110 V、220 V、300 V 等。

系数 1.43 为太阳电池组件峰值工作电压与系统工作电压的比值。

太阳电池组件（方阵）的功率

$$P = N_s N_P P_m$$

式中，P 为光伏组件的总功率；P_m 为单块光伏组件的峰值功率；N_s 为光伏组件串联数；N_P 为光伏组件并联数。

系数：$\frac{1}{K_1 K_2 K_3 K_4 K_5} \approx \frac{1}{0.9^5} = 1.69$，通常取 1.69—2.0。

7.2.3 储能系统容量设计

储能系统的任务是在太阳电池组件供电不足时,可为负载供电。储能的系统有多种,在前面已作介绍,其中以蓄电池为主。储能系统的设计主要包括:储能系统容量的设计计算和串并联组合的设计。要能在几天内保证系统的正常工作,在设计时引入连续阴雨天数,一般以当地最大连续阴雨天数为设计参数,同时综合考虑负载对电源的要求,对负载如太阳能路灯等可取 3—7 天,对于重要的负载如导航、通信、医疗、救济等则在 7—15 天内选取,下面对最常用的铅酸蓄电池的设计作一些介绍。

由于铅酸蓄电池的特性,在确定的连续阴雨天不能 100％的放电而把电用光,否则蓄电池会损坏,因此要防止蓄电池过放电。一般情况下,浅循环型蓄电池选用 50％的放电深度,深循环型蓄电池选用 75％的放电深度。

在实际应用中还要考虑一些性能参数对蓄电池容量和使用寿命的影响,其中主要的两个因数是蓄电池的放电率和使用环境温度。

(1) 放电率对蓄电池容量的影响

放电率是放电时间和放电电流与蓄电池容量的比率。一般有 0.5 小时率(0.5 h)、1 小时率(1 h)、3 小时率(3 h)、20 小时率(20 h)等。大电流放电时,放电时间短,蓄电池容量比标称容量小,小电流放电时,放电时间长,实际放电容量比标称容量大。蓄电池的容量随着放电率的改变而改变,这样会对容量设计产生影响。在光伏系统中使用的蓄电池,放电率一般都较慢在 50 小时率以上,而蓄电池的标称容量是 10 小时放电率下的容量。所以,在设计时有必要对蓄电池的容量进行校对和修正,可以对慢放电率 50—200 小时率蓄电池的容量进行估算,相应的比标称容量提高 5％—20％,放电率修正系数取 0.95—0.8。

$$平均放电率 = \frac{连续阴雨天数 \times 负载工作时间}{最大放电深度}$$

对于有多个负载的光伏系统,负载的工作时间可使用加权平均负载工作时间。

$$加权平均负载工作时间 = \frac{\sum 负载功率 \times 负载工作时间}{\sum 负载功率}$$

(2) 环境温度对蓄电池容量的影响

蓄电池的容量会随着蓄电池温度的变化而变化,当蓄电池温度下降时,蓄电池的容量会下降;温度升高时,蓄电池容量略有升高;当温度低于零度以下时,蓄电池的容量会急剧下降。蓄电池的标称容量是以环境温度 25℃时为设定标准的,随着温度的降低,0℃时的容量大约下降到标称容量的 95％—90％,−20℃时大约下降到标称容量的 80％—70％。所以,必须考虑电池的使用环境温度对其容量的影响,在设计时,可参考蓄电池生产厂家提供的蓄电池温度—容量修正曲线图,从该图上查到对应温度—蓄电池容量的修正系数。也可根据经验确定温度修正系数。一般 0℃时,修正系数取 0.95—0.9;−10℃时,取 0.9—0.8;−20℃时,取 0.8—0.7。

另外,过低的环境气温还会对蓄电池的最大放电深度产生影响,当环境气温在 −10℃以下时,浅循环型蓄电池的最大放电深度将调整为 35％—40％,深循环型蓄电池的最大放电深度则将调整为 60％。如为交流负载供电,则逆变器的效率可取 80％—90％。

$$蓄电池总容量 = \frac{负载日平均用电量 \times 连续阴雨天数 \times 放电率修正系数}{系统直流电压 \times 最大放电深度 \times 低温修正系数 \times 逆变器效率系数}$$

$$c = \frac{P_0 \times n \times k_F}{U \times DOD \times k_1 \times k_\eta}$$

$$蓄电池串联数 = \frac{系统工作电压}{蓄电池标称电压} \quad 或用 \quad N_s' = \frac{U}{U_n}$$

$$蓄电池并联数 = \frac{蓄电池总容量}{蓄电池标称容量} \quad 或用 \quad N_P' = \frac{c}{c_n}$$

在实际应用中,一般选择大容量的蓄电池以减少所需的并联数目,这样做的目的是尽量减少蓄电池之间的不平衡造成的影响,通常采取两组并联模式,并联的组数一般不超过4组。

7.2.4 太阳电池组件最佳倾角的设计

在太阳能光伏系统的设计中,光伏组件方阵的放置形式和放置角度对光伏系统接收到的太阳能辐射影响很大,从而影响光伏系统的发电能力。太阳能光伏组件(方阵)的放置形式有固定安装和自动跟踪两种形式,其中自动跟踪装置包括单轴跟踪装置和双轴跟踪装置,与太阳电池组件(方阵)放置角度有关的两个参量为:太阳电池组件倾角和太阳电池组件方位角。

太阳电池组件方位角是东西南北方向的角度,指方阵的垂直面与正南方向的夹角,光伏系统方位角以正南为0℃,由南向东向北为负角度,由南向西向北为正角度。如太阳在正西方时方位角为+90°,太阳在正东方时方位角为-90°。方位角决定了太阳光的入射方向,决定了不同朝向建筑物的采光状况,方阵表面最好是朝向赤道安装(方位角为0℃),即在北半球朝向正南,南半球朝向正北。在中国,太阳电池方阵通常选取正南方向方位角取0°,如果太阳电池方阵的设置场所受屋顶、山坡、建筑物结构及阴影等限制时则应考虑与它们的方位角一致,以充分利用现有地形和有效面积,并尽量避开因建筑物或树木等产生的阴影。在进行光伏建筑一体化设计时,当正南方向太阳电池铺设面积不够时,也可将太阳电池铺设在正东、正南方向。

太阳电池组件的倾角是太阳电池组件平面与水平地面的夹角,倾角为0°时表示太阳电池组件为水平放置,倾角为90°表示太阳电池组件为垂直放置。太阳电池组件应该倾斜安装,这样可以增加全年方阵表面所接收到的太阳辐射量,同时可改变各个月份方阵表面所接收到的太阳辐射量的分布。对于固定安装式光伏系统,一旦安装完成,太阳电池组件倾角和太阳电池组件方位角就无法改变了。而安装了自动跟踪装置的太阳能光伏系统,可使光伏组件方阵随着太阳的运行而跟踪移动,此时太阳电池组件一直朝向太阳,增加了光伏组件(方阵)接收的太阳辐射量。下面主要介绍固定安装式光伏系统。

太阳能光伏系统的最佳倾角的确定

太阳电池组件(方阵)的最佳倾角应使太阳电池年发电量尽可能大,而冬季和夏季发电量差异尽可能小,可采用计算机辅助设计软件进行太阳电池方阵倾角的优化计算,如采用 PVCAD 软件或 RETScreen 设计软件等等。

在没有计算机软件的情况下,也可以根据当地纬度粗略确定太阳电池的倾角。其依据为
(1) 纬度为 0—25°时,倾角等于纬度;
(2) 纬度为 26°—40°,倾角等于纬度加上 5°—10°;

(3) 纬度为 41°—55°,倾角等于纬度加上 10°—15°;

(4) 纬度为 55°以上时,倾角等于纬度加上 15°—20°。

对于不同类型的太阳能光伏系统,其最佳倾角是有所不同的。通常均衡性负载供电的独立光伏系统方阵的最佳倾角要综合考虑方阵面上接收到太阳辐射量的均衡性和极大性等因素,经过反复计算,在满足负载用电要求的条件下,比较各种不同的倾角所需配置的太阳电池方阵和蓄电池容量的大小,才能选出符合要求的最佳太阳电池方阵倾角,使太阳电池方阵容量达到最小。

对于季节性负载,最典型的是光控太阳能照明系统,这类系统的负载每天工作时间随着季节而变化,其特点是以自然光线的强弱来决定负载工作时间的长短,冬天时白天日照时间短,太阳能辐射量小,负载耗电量大,所以设计时要考虑冬季,按冬天时能得到最大发电量的倾角确定,其倾角应比当地纬度的角度大一些。而对于主要为光伏水泵、制冷空调等夏季负载供电的光伏系统,则应考虑夏季为负载提供最大发电量,其倾角比当地纬度的角度小一些。而对于并网光伏系统方阵倾角的确定,相对比较简单,由于所产生的电能可以全部输入电网,得到充分利用。因此,只要使方阵面上全年能接收最大辐射量即可,只要掌握当地的不同倾角的太阳辐射量数据,就确定安装并网光伏系统方阵的最佳倾角。除了极个别地区,方阵的最佳倾角一般都小于当地纬度。

太阳电池光伏组件的最佳倾角,在同一地点并网光伏系统的方阵倾角最小;其次是为均衡负载供电的独立光伏系统;而为光控负载供电的独立光伏系统,冬天耗电量大,通常方阵的倾角也较大。中国各大城市太阳能资源分布表和最佳倾角见表 7.1。

表 7.1 中国各大城市太阳能资源分布表

城 市	纬度 Φ	日辐射量 H_t(kJ/m²)	最佳倾角 β	斜面日辐射量(kJ/m²)	修正系数 K_{op}
哈尔滨	45.68	12703	$\Phi+3$	15838	1.140
长 春	43.90	13572	$\Phi+1$	17127	1.1548
沈 阳	41.77	13793	$\Phi+1$	16563	1.0671
北 京	39.8	15261	$\Phi+4$	18035	1.0976
天 津	39.10	14356	$\Phi+5$	16722	1.0692
呼和浩特	40.78	16574	$\Phi+3$	20075	1.1468
太 原	37.78	15061	$\Phi+5$	17394	1.1005
乌鲁木齐	43.78	14464	$\Phi+12$	16594	1.0092
西 宁	36.78	16777	$\Phi+1$	19617	1.136
兰 州	36.05	14966	$\Phi+8$	15842	0.9489
银 川	38.48	16553	$\Phi+2$	19615	1.1559
西 安	34.30	12781	$\Phi+14$	12952	0.9275
上 海	31.17	12760	$\Phi+3$	13691	0.990
南 京	32.00	13099	$\Phi+5$	14207	1.0249
合 肥	31.85	12525	$\Phi+9$	13299	0.9988

续 表

城 市	纬度 Φ	日辐射量 H_t(kJ/m²)	最佳倾角 β	斜面日辐射量(kJ/m²)	修正系数 K_{op}
杭 州	30.232	11668	$\Phi+3$	12372	0.9362
南 昌	28.67	13094	$\Phi+2$	13714	0.8640
福 州	26.08	12001	$\Phi+4$	12451	0.88978
济 南	36.68	14043	$\Phi+6$	15994	1.0630
郑 州	34.72	13332	$\Phi+7$	14558	1.0476
武 汉	30.63	13201	$\Phi+7$	13707	0.9036
长 沙	28.20	11377	$\Phi+6$	11589	0.8028
广 州	23.13	12110	$\Phi-7$	12702	0.8850
海 口	20.03	13835	$\Phi+12$	13510	0.8761
南 宁	22.82	12515	$\Phi+5$	12734	0.8231
成 都	30.67	10392	$\Phi+2$	10304	0.7553
贵 阳	26.58	10327	$\Phi+8$	10235	0.8135
昆 明	25.02	14194	$\Phi-8$	15333	0.9216
拉 萨	29.70	21301	$\Phi-8$	24151	1.0964

7.2.5 太阳能光伏系统容量设计实例

设在北纬 30°、东经 90°、海拔 2000 m 处有一住户，其各种家用电器负载和耗电量如表 7.2 所示，当地水平面年辐射总量为 7528 MJ/m²，最大连续阴雨天数为 4 天，试设计确定太阳电池组件的规格和蓄电池容量。

表 7.2 各种负载的数量和耗电量计算表

序号	负载	直流/交流	负载功率(W)	数量	合计功率(W)	每日工作时间(h)	每日耗电量(W·h)
1	计算机	交流	300	2	600	4	2400
2	彩电	交流	150	2	300	3	900
3	电冰箱	交流	100	1	100	24	2400
4	微波炉	交流	1000	1	1000	0.5	500
5	节能灯	交流	20	6	120	4	480
6	洗衣机	交流	1500	1	1500	2	3000
合计					3620	—	9680

1. 平均峰值日照时数

太阳电池组件倾角可取 33°，方阵面上年辐射总量取比水平面年辐射总量高 10%，为 8281 MJ/m²，年峰值日照时数为 8281÷3.6＝2300(h)，每天峰值日照时数为 2300÷365＝

6.3(h)。

2. 系统直流电压

根据负载的功率确定系统直流电压,可以取 12 V、24 V、48 V 等,为减少线路损失,尽量提高系统电压,取 48 V。

3. 太阳电池组件(方阵)容量设计

(1) 太阳电池组件(方阵)发电电流(A) $= \dfrac{负载日耗电量(W \cdot h)}{系统直流电压 \times 峰值日照时数 \times 系统效率系数}$

$$= \dfrac{9680}{48 \times 6.3 \times 0.85 \times 0.9 \times 0.9 \times 0.9 \times 0.9}$$

$$= 57.40(A)$$

(2) 太阳电池组件(方阵)的总功率:

$$P = 1.43UI = 48 \times 57.40 \times 1.43 = 3940(W)$$

可选峰值功率为 260 W、峰值电压为 34.4 V、峰值电流为 7.56 A 的太阳电池组件。

(3) 需要太阳电池组件总数为:

$$\dfrac{3940}{260} = 15.15, 取 16 块。$$

(4) 太阳电池组件串联数

$$N_s = \dfrac{1.43U}{U_m} = \dfrac{1.43 \times 48}{34.4} = 2$$

(5) 太阳电池组件并联数

$$N_p = 16 \div N_s = 16 \div 2 = 8$$

可采用 2 块串联、并联 8 组的形式组成太阳电池方阵,总功率为 4160 W(可满足一定的余量需求)。

4. 电池容量设计

(1) 蓄电池总容量

$$c = \dfrac{P_0 n k_F}{U(DOD) k_1 k_\eta} = \dfrac{9680 \times 4 \times 1.1}{48 \times 70\% \times 0.9 \times 0.85} = 1657.02(A \cdot h)$$

选用 6FM200 阀控型免维护铅酸蓄电池。

标准电压为 12 V,标称容量为 200 A·h(10 小时率)。

(2) 蓄电池串联数

$$N_s' = \dfrac{U}{U_n} = \dfrac{48}{12} = 4$$

(3) 蓄电池并联数

$$N_P' = \dfrac{c}{c_n} = \dfrac{1657.02}{200} = 8.29, 取 9 组。$$

所以蓄电池共采用 36 块,4 组串联、并联 9 组的形式(要有一定的余量),满足负载需求。

7.3 太阳能光伏系统的硬件设计

太阳能光伏系统设计中除了太阳能电池组件和蓄电池容量大小设计之外,还要考虑如何选择合适的系统设备,即各种电力电子设备部件的选型和相关附属设施的设计,主要包括光伏控制器、逆变器的配置与选型、光伏组件支架及固定方式的确定与基础设计、交流配电系统防雷与接地系统的配置与设计、监控和预测系统的配置、直流接线箱、交流配电箱及所用电缆的设计选择等等。

7.3.1 太阳能光伏系统的设备配置与选型

1. 太阳电池组件(方阵)的形状和尺寸的确定

在前面太阳电池组件设计中,根据负载用电需求,可计算出太阳电池组件或方阵的容量和总功率,以及电池组件的串、并联数量,但还需要根据太阳电池组件的具体安装位置来确定电池组件的形状及外型尺寸,以及整个方阵的整体排列等等。对于异型和特殊尺寸的电池组件还需要与生产厂商定制。太阳电池片的材料,同一功率的电池组件可以是多晶硅或单晶硅组件,也可以是非晶硅组件。从尺寸和形状上讲,同一功率的电池组件可以是圆形、正方形,也可以做成长方形、梯形等其他形状,这些都需要选择确定。电池组件的外形和尺寸确定后,才能进行组件的组合、固定和支架基础等内容的设计。

2. 蓄电池的选型

蓄电池的选型是根据光伏系统设计计算出的结果,确定蓄电池或蓄电池组的电压和容量,选取合适的蓄电池种类及规格型号,再确定其数量和串、并联连接方式等。为了使逆变器能够正常工作,同时为负载提供足够的能量,必须选择容量合适的蓄电池组,使其能够提供足够大的冲击电流满足逆变器的需要,以应付一些冲击性负载如电冰箱和电动机可在启动瞬间产生的大电流。

再利用下面公式验证前面设计计算出的蓄电池容量是否能够满足冲击性负载功率的需要。

$$蓄电池容量 \geq \frac{逆变器功率 \times 5\ h}{蓄电池组额定电压}$$

蓄电池选型举例如表 7.3 所示。

表 7.3 蓄电池选型举例表

逆变器额定功率	蓄电池(组)额定电压	蓄电池(组)容量
200 W	12 V	>100 A·h
500 W	12 V	>200 A·h
1000 W	12 V	>400 A·h
2000 W	24 V	>400 A·h
5000 W	48 V	>500 A·h

3. 光伏控制器的选型

光伏控制器要根据系统功率、系统直流工作电压、电池方阵输入路数、蓄电池组数、负载状况及用户的特殊要求等来确定其类型。一般小功率太阳能光伏系统采用单路 PWM 型控制器,大功率光伏系统选取多路输入型控制器或带有通信功能和远程监测控制功能的智能控制器。

控制器选择时要特别注意其额定工作电流必须同时大于太阳电池组件的短路电流和负载的最大工作电流。为适应将来的系统扩充和保证系统长时间稳定运行,可选择高一型号的控制器。

表7.4和表7.5中列出各种光伏控制器的技术参数与规格尺寸,供选型时参考。

表7.4　武汉苏尔光伏控制器技术参数表

规　格	SC2012/5 A	SC2012/10 A	SC2012/12 A
额定电压	12 V/24 V　电压自动识别		
最大负载电流	≤5 A	≤10 A	≤12 A
最大充电电流	≤5 A	≤10 A	≤12 A
充满断开(HVD)	13.7 V/27.4 V		
欠压断开(LVD)	10.8 V/21.6 V		
过放恢复(LVR)	12.6 V/25.2 V		
温度补偿	－3 mV /℃/CELL		
空载损耗	≤10 mA		
最大电线规格	2.5 mm^2		
回路压降	＜40 mV	＜55 mV	＜65 mV
尺寸(mm)	135×100×30(长×宽×高)		

表7.5　合肥赛光光伏控制器技术参数表

规　格	SWC120-50 A	SWC120-100 A	SWC120-125 A	SWC120-150 A	SWC120-200 A
充电电压范围	108—144 V				
最大负载电流	≤100 A	≤150 A	≤175 A	≤200 A	≤250 A
额定电流	≤50 A	≤100 A	≤125 A	≤150 A	≤200 A
充满断开(HVD)	144 V				
欠压断开(LVD)	108 V				
空载损耗	≤30 mA				
保护模式	过充保护,过放保护,负载反接保护,短路保护,开路保护,夜间反向电流保护,过载保护				
重量(kg)	8.0				
尺寸(mm)	410×200×160				

4. 光伏逆变器的选型

太阳能光伏逆变器选型时一般根据光伏系统设计确定的直流电压来选择逆变器的直流输入电压,根据负载的类型确定逆变器的功率和相数,根据负载的冲击性决定逆变器的功率。逆变器的持续功率应该大于使用负载的功率,负载的启动功率要小于逆变器的最大冲击功率。在选型时,还要为光伏系统将来扩容留有一定的余量。

在独立(离网)光伏系统中,系统电压的选择应根据负载的要求而定。负载电压要求越高,系统电压也应尽量高。系统电压越高,系统电流越小,从而减小系统电损耗。而在并网光伏系统中,逆变器的输入电压是每块(每串)太阳电池组件峰值输出电压或开路电压的整数倍(17 V、34 V、21 V、42 V等)。在工作时系统工作电压会随太阳辐射强度变化而变化,所以并网型逆变器的输入直流电压应有一定的输入范围。

表7.6列出了常见逆变器的技术参数和尺寸,供选型时参考。

表7.6 合肥阳光光伏逆变器(单相)技术参数表

型 号 技术参数	SN220 0.5KCD1	SN220 3KCD1	SN220 5KCD1	SN220 7.5KCD1
输入额定电压(V)	220			
输入额定电流(A)	2.5	15.2	25.2	37.9
输入直流电压允许范围(V)	180—300			
额定容量(kVA)	0.5	3.0	5.0	7.5
输出额定功率(kW)	0.4	2.4	4.0	6.0
输出额定电压及频率	220 V,50 Hz			
输出额定电流(A)	2.3	13.6	22.7	34.1
输出电压精度(V)	±3%			
输出频率精度(Hz)	50±0.05			
波形失真率(THD)	≤4%(线性负载)			
动态响应(负载0⟷100%)	5%,≤20 ms			
功率因数(PF)	0.8			
过载能力	120%,10 min,150%,1 min			
峰值系数(CF)	3:1			
逆变效率(80%阻性负载)	94%			
绝缘强度(V)(输入和输出)	1500 V,1分钟			
噪音(1米)	≤40 dB			
使用环境温度(℃)	−10—+50			
湿度	0—90%,不结露			
使用海拔(m)	≤4000(海拔高于1000 m降容使用)			
立式深、宽、高(mm)	425×205×365(不含支脚)		470×400×750(不含轮)	
标准机架式深、宽、高(mm)	420×482×132.5(3U)		450×482×266(变压器外置)	
重量(kg)	17	32	66	76
通讯接口	RS232/485(RS-232:R,T,GND;RS-485:A、B)			
无源故障接点	"逆变故障、旁路异常、直流异常"AC220V/1A 常开触点			
保护功能	输入接反保护、输入欠压保护、输入过压保护、输出过载保护、输出短路保护、过热保护			

表 7.7　SMA 光伏并网逆变器技术参数表

规格型号：Sunny Tripower	10000 TL	12000 TL	15000 TL	17000 TL
最大直流输入功率(kW DC)	10.2	12.25	15.34	17.41
最大直流输入电压(V DC)	1000	1000	1000	1000
输入电压范围 MPPT(V DC)	320—800	360—800	380—800	400—800
最大并联组串数	4+1	4+1	5+1	5+1
最大交流输出功率(kW AC)	10	12	15	17
额定交流电压/频率	3×230 V/50—60 Hz	3×230 V/50—60 Hz	3×230 V/50—60 Hz	3×230 V/50—60 Hz
交流连接	三相～	三相～	三相～	三相～
最大效率(%)	98.1	98.1	98.1	98.1
重量(kg)	约 65	约 65	约 65	约 65
体积(宽/高/厚,mm)	665/690/265	665/690/265	665/690/265	665/690/265
运行温度范围(℃)	−25—+60	−25—+60	−25—+60	−25—+60

5. 电缆的选型

(1) 在太阳能光伏系统中，选择电缆时，应主要考虑以下因素：

① 电缆的绝缘性能。

② 电缆的耐热、耐寒、阻燃性能。

③ 电缆的防潮、防光。

④ 电缆芯的类型（铜芯、铅芯）。

⑤ 电缆的敷设方式。

⑥ 电缆的线径规格。

(2) 光伏系统中不同连接部分的技术要求：

① 组件与组件之间的连接，一般使用组件连接盒附带的连接电缆直接连接，长度不够时，还可以使用专用延长电缆。根据组件功率大小的不同，该类连接电缆有截面积为 2.5 mm^2、4.0 mm^2 和 6.0 mm^2 等三种规格。该类连接电缆使用双层绝缘外皮，具有防紫外线和臭氧、酸、盐的侵蚀能力以及防暴晒能力。

② 蓄电池和逆变器之间的连接电缆，要求使用通过 UL 测试的多股软线或电焊机电缆，尽量就近连接。选择短而粗的电缆以减小线损。

③ 电池方阵内部和方阵之间的连接电缆，要求防潮防暴晒，最好穿管安装，导管要耐热 90℃。

④ 电池方阵与控制器或直流接线箱之间的连接电缆，要求使用通过 UL 测试的多股软线，截面积规格根据方阵输出最大电流而定。

⑤ 电缆线径规格设计，依据下列原则确定：

a. 光伏组件与组件之间的连接电缆、蓄电池与蓄电池之间的连接电缆和交流负载的连接电缆，选取电缆的额定电流为各电缆中最大连续工作电流的 1.25 倍。

b. 太阳电池方阵与方阵之间的连接电缆，蓄电池组与逆变器之间的连接电缆，选取电缆的额定电流为各电缆中最大连续工作电流的1.56倍。

c. 考虑电压降不超过2%,考虑温度对电缆性能的影响。

d. 适当的电缆线径规格选取基于两个因素:电流强度与电路电压损失。

完整的计算公式为

$$线损=电缆×电路总线长×线缆电压因子$$

式中线缆电压因子可由电缆制造商处获得。

6. 直流接线箱的选型

直流接线箱又叫直流配电箱,小型太阳能光伏系统一般不用直流接线箱,电池组件的输出线可直接接到控制器的输入端。直流接线箱主要用于中、大型太阳能光伏系统中,把太阳电池组件方阵的多路输出电缆集中输入,分组连接。不仅使连线井然有序,而且便于分组检查维护。当太阳电池方阵局部发生故障时,可以分部分离检修,而不影响整体光伏系统的连续工作。

图7.8是单路直流接线箱内部基本电路,图7.9是多路直流接线箱内部基本电路,它们由分路开关、主开关、避雷防雷器件、接线端子等构成,有些直流接线箱还把防反充二极管也放在其中。

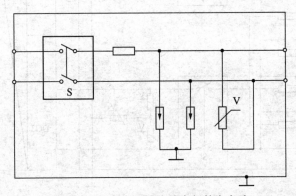

图7.8　单路直流接线箱内部基本电路

直接接线箱一般由逆变器生产厂家或专业厂家生产并提供成型产品,主要根据光伏方阵的输出路数、最大工作电流和最大输出功率等参数进行选择。当没有成型产品提供或成品不符合系统要求时,就要根据实际需求自己设计制作。图7.10所示为直流接线箱的实体连接图,供选型参考。

7. 交流配电柜的选型

交流配电柜是在太阳能光伏系统中连接逆变器和交流负载之间的接受和分配电能的电力设备。它主要由开关类电器(如安全开关、切换开关、系统接触器等)、保护类电器(如防雷器、熔断器等)、测量类电器(如电压表、电流表、电能表、交流互感器等)以及指示灯、母线排等组成。交流配电柜按照负荷功率的大小,可分为大型配电柜和小型配电柜;按使用场所的不同,可分为户内配电柜和户外型配电柜;按照电压等级的不同,可分为低压配电柜和高压配电柜。

中小型太阳能光伏系统一般采用低压供电和输送方式,选用低压配电柜就可以满足电力输送和电力分配的需要。大型光伏系统大都采用高压配电装置和设施输送电力,并入电网,因此可选用符合大型发电系统需要的高低压配电柜和升降压变压器等配电设施。

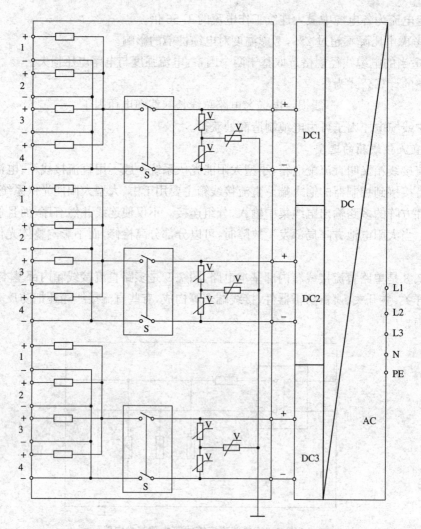

图 7.9 多路直流接线箱内部基本电路

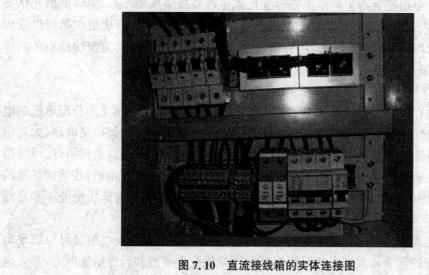

图 7.10 直流接线箱的实体连接图

交流配电柜一般由逆变器生产厂家或专业厂家设计生产并提供成型产品,当没有成型产品提供或成品不符合系统要求时,就要根据实际需要自己设计制作,图7.11为最简单的交流配电柜内部电路图。

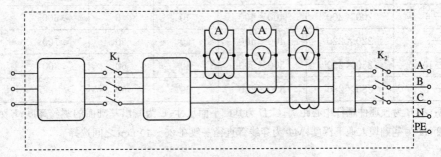

图7.11　交流配电柜内部电路图

在选购或设计生产光伏系统用交流配电柜时,要符合下述各项要求:

(1) 选型和制造符合国家标准的配电柜,配电和控制回路采用成熟可靠的电子线路和电力电子器件。

(2) 操作方便,切换动作准确,运行可靠,体积小,重量轻。

(3) 交流配电柜应为单面/双面门开启结构,以方便维护、抢修及更换电器元件。

(4) 配电柜应具有良好的散热性和保护接地系统。

(5) 配电柜应具有负载过载或短路的保护功能,当短路或过载等故障发生时,相应的熔断器应能自动跳闸或熔断,断开输出。

8. 光伏系统的基础建设

太阳能光伏系统的基础设施包括太阳电池组件(方阵)地基和控制机房建设。太阳电池组件可以安装在地面上,也可以安装在箱柱上或屋顶上。如果太阳电池组件安装在地面上,在设计施工时需要考虑建筑抗震设计。

(1) 太阳能光伏组件(方阵)基础

① 杆柱类安装基础

杆柱类安装基础和预埋件尺寸如图7.12所示,其具体尺寸大小根据杆柱高度不同列于表7.8中,该基础适用于金属类电线杆、灯杆等等,当蓄电池需埋入地下时,按图7.13设计施工。

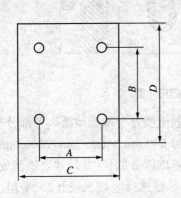 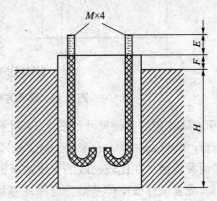

图7.12　杆柱类安装基础和预埋件尺寸图

表 7.8　杆柱类安装基础和预埋件尺寸表

杆柱高度(m)	A×B(mm)	C×D(mm)	E(mm)	F(mm)	H(mm)	M(mm)
3—4.5	160×160	300×300	40	40	≥500	14
5—6	200×200	400×400	40	40	≥600	16
6—8	220×220	400×400	50	50	≥700	18
8—10	250×250	500×500	60	60	≥800	20
10—12	280×280	600×600	60	60	≥1000	24

说明：A、B 为预埋件螺杆中心距离；C、D 为基础平面尺寸；E 为露出基础面的螺丝高度；F 为基础高出地面高度；H 为基础埋入地下深度；$M\Phi$ 为穿线管直径一般在 25～40 mm 之间选择

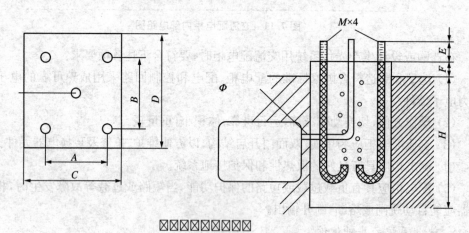

图 7.13　杆柱类安装基础尺寸图

② 地面方阵支架的基础尺寸如图 7.14 所示

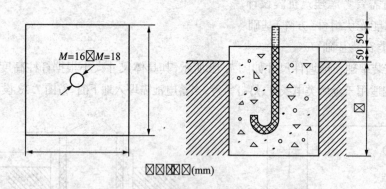

图 7.14　地面方阵支架的基础尺寸图

地面方阵支架的基础尺寸如图 7.14 所示，对于一般土质每个基础地面以下部分根据方阵大小选择 400 mm×40 mm×400 mm(长×宽×高)和 500 mm×500 mm×400 mm(长×宽×高)两种规格。在比较松散的土质地面做基础时，基础部分的长、宽尺寸要适当放大，高度要加高，或者制作成整体基础。选择地基场地时，应尽量选择坚硬土或开阔、平坦、密实、均匀的中硬土。

③ 混凝土基础制作的基本要求

a. 基础混凝土的混合比例为 1∶2∶4（水泥、胶石、水），采用 42 号水泥或更细胶石，每块尺寸为 20 mm 或更小。

b. 基础上表面要在同一水平面上，平整光滑。

c. 基础预埋螺杆应垂直立在正确位置，单螺杆要位于基础中央，不可倾斜。

d. 基础预埋螺杆应高出混凝土基础表面 50 mm，确保已将基础螺杆的凸出螺纹上的混凝土擦干净。

e. 在酸性黏土、液化土、新填土、沙土或严重不均匀土层位置做基础时，应采取措施加大基础尺寸，并加强基础的整体性和刚性。

(2) 太阳光伏组件（方阵）支架

① 杆柱类支架

杆柱类支架一般应用于太阳能路灯、高速公路摄像机太阳能供电等，设计时需要有太阳电池组件的长宽尺寸及电池组件背面固定孔的位置、孔距等尺寸，还要了解使用地的太阳电池组件的最佳倾斜角，支架可根据需要设计成倾斜角固定、方位角可调以及倾斜角和方位角都可调等等。

支架框架材料一般选用扁方钢管或角钢制作，立柱选用圆钢管固定，材料的规格大小和厚度要根据电池板的尺寸和重量来定，表面要进行喷塑或电镀处理。

② 屋顶类支架

屋顶类支架要根据不同的屋顶结构分别进行设计，对于平面屋顶一般要设计成三角形支架，支架倾斜角角度为太阳电池的最佳接收倾斜角，而对于斜面屋顶可设计与屋顶斜面平行的支架，支架的高度离屋顶面 10 cm 左右，以利于太阳电池组件通风散热，也可以根据最佳倾角角度设计成前低后高的支架，以满足电池组件的太阳能最大接收能量。

对于不能做混凝土基础的屋顶一般都直接用角钢支架固定电池组件，支架的固定需要采用钢丝绳拉紧法、支架延长固定法等。

屋顶组件支架的制作材料可以用角钢焊接，也可选择定制组件，固定专用钢制冲压结构件。

③ 地面方阵支架

地面用太阳电池光伏方阵支架一般都是用角钢制作的三角形支架，其底座是水泥混凝土基础，方阵组件排列有横向排列和纵向排列两种方式。横向排列每列放置一块电池组件，纵向排列每列放置 2—4 块电池组件，支架的具体尺寸要根据所选用的电池组件规格尺寸和排列方式确定。地面方阵支架示意图如图 7.15 所示。

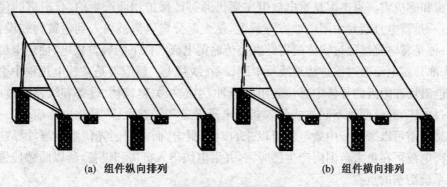

(a) 组件纵向排列　　　　　　(b) 组件横向排列

图 7.15　地面方阵支架示意图

9. 监控测量系统

太阳能光伏发电监控测量系统一般用于中、大型光伏系统中,可根据光伏系统的重要性和投资预算等因素考虑选用。监控测量系统一般可配合逆变器系统对光伏系统进行实时监视记录和控制、系统故障记录与报警以及各种参数的设置。还可通过网络进行远程监控和数据传输逆变器各种运行数据,提供 RS485 接口与监控测量系统主机连接。监控测量系统运行界面,一般可以显示:当前发电功率、日发电量累计、月发电量累计、年发电量累计、总发电累计、运行故障次数、累计减少 CO_2 排放量等相关参数。

光伏发电监控测量系统显示界面如图 7.16 所示。

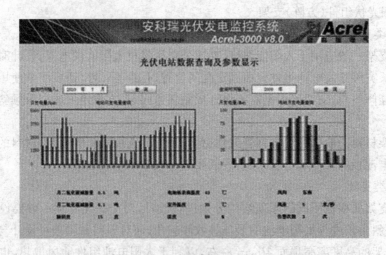

图 7.16　光伏发电监控测量系统显示界面图

7.3.2　太阳能光伏系统的防雷和接地设计

太阳能光伏系统与相关电器设备及建筑物有着直接连接,太阳能光伏电站为三级防雷建筑物,为避免雷击对光伏系统的损害,需要设置防雷与接地系统进行防护。

1. 雷击的危害

雷电是一种大气中的放电现象,在云雨形成过程中,它的某些部分积聚起正电荷,另一部分积聚起负电荷,当这些电荷积聚到一定程度时,就会产生放电现象,形成雷电。雷电分为直击雷和感应雷。直击雷是雷电放电主通道通过被保护物而产生的,直击雷的侵入有两种途径:一是雷电直接对太阳电池方阵放电,使大部分雷电流被引入到建筑物或设备、线路上;另一种是雷电直接通过物体避雷针直接传输雷电流入地下的装置放电,使地电位瞬时升高,一大部分雷电流通过保护接地线反串到设备、线路上。感应雷是在放电过程中引入强大的瞬变电磁场在附近的导体中感应到电磁脉冲,引起相关建筑物、设备和线路的过电压,这个浪涌过电压,通过两种不同方式侵入相关电子设备和线路上:一是静电感应,另一是电磁感应。感应雷可以来自云中放电也可以来自对地雷击,而太阳能光伏系统与外界连接有各种长距离电缆可在更大范围内产生感应雷,并沿电缆传入机房和设备,所以防感应雷是太阳能光伏系统防雷的重点。

2. 光伏系统防雷措施

（1）太阳能光伏系统或发电站地址选择要尽量避免放置在容易遭受雷击的位置和场合。

（2）尽量避免避雷针的投影落在太阳电池组件上。

（3）根据现场状况，采用抑制型或屏蔽型的直击雷保护措施，如避雷带、避雷网和避雷针等，以减小直击雷的概率，尽量采用多根均匀布置的引下线、接地体宜采用环形地网，引下线连接在环形地网的四周，以利于雷电流的散流和内部电位的均衡。

（4）建筑物内的设备综合布线保护采用金属管，要将整个光伏系统的所有金属物包括电池组件外框设备、机箱、机柜、外壳、金属线管等与联合接地体等电位连接，并且做到各自独立接地。

（5）在系统回路上逐级加防雷器件，实行多级保护，使雷击或开关浪涌电流经过多级防雷器件泄流，一般在光伏系统直流线路部分采用直流电源防雷器，在逆变器的交流线路部分，采用交流电源防雷器。

3. 光伏系统的接地要求

将电气设备的任何部分与大地间作良好的电气连接称为接地，埋入地中并且与大地直接接触的金属体或金属体组，称为接地体或接地极。埋在地下的钢管、角钢或钢筋混凝土基础等可作为接地极使用。连接电气设备与接地极之间的金属导线，称为接地线。

（1）接地体

接地体宜采用热镀锌钢材，其规格要求如下：钢管直径 50 mm，壁厚不小于 3.5 mm；角钢，不小于 50 mm×50 mm×50 mm；扁钢，不小于 40 mm×40 mm。

垂直接地体长度宜为 1.5—2.5 m。接地体上端距地面不小于 0.7 m。

（2）接地线和接地引下线

接地线宜短直，截面积为 35—95 mm^2，材料为多股铜线。

接地引下线长度不宜超过 30 mm，其材料为镀锌扁钢，截面积不小于 40 mm×4 mm 或采用截面积不小于 95 mm^2 的多股铜线。接地引下线应作防腐绝缘处理，并不得在暖气地沟内布放，埋设时应避开污水管和水沟，裸露在地面以上部分应有防止机械损伤的措施。

（3）避雷针

避雷针一般选用直径 12—16 mm 的圆钢，如果采用避雷带，则使用直径 8 mm 的圆钢或厚度 4 mm 的角钢，避雷针高出被保护物的高度，应大于等于避雷针到被保护物的水平距离，避雷针越高被保护范围越大。

4. 光伏系统的接地类型

光伏系统的接地类型主要包括防雷接地、保护接地、工作接地、屏蔽接地、重复接地等等。

（1）防雷接地的要求

防雷接地包括避雷针、避雷带、接地体、引下线、低压避雷器、外线出线杆上的瓷瓶铁脚等。要求独立设置，接地电阻小于 30 Ω，且和主接地装置在地下的距离保护在 3 m 上。

（2）保护接地的要求

光伏电池组件支架、控制器、逆变器、配电箱、外壳、蓄电池支架、电缆外皮以及穿线金属层的外皮，接地电阻小于 4 Ω。

（3）工作接地的要求

逆变器、蓄电池的中性点，电压互感器和电源互感器的二次线圈，要求重复接地，且接地电阻小于 10 Ω。

(4) 屏蔽接地的要求

电子设备的金属屏蔽,接地电阻小于 4 Ω。

(5) 重复接地的要求

低压架空主线路上,每隔 1 km 处接地。

5. 防雷器的选型

防雷器也叫电涌保护器。光伏系统中常用防雷器如图 7.17 所示。

图 7.17 防雷器的外形图

防雷器内部主要由热感断路器和金属氧化物压敏电阻组成,另外还可以根据需要同 NPE 火花放电间隙模块配合使用。

光伏发电系统常用的防雷器品牌有 OBO、DEHN 等,其中常用的型号为 OBO 的 V25 - B+C/3、V20 - C/3+NPE 交流电源防雷器和 V20 - C/3 - PH 直流电源防雷器、DEHN 的 DGPV500SCP、PVMTNC255 等,OBO V25 - B+C 防雷器是依据 VDE 0185、part 1 和 part 100 的要求而设计的一种雷电保护等电位连接器。该装置是符合 DIN VDE 0675,part 6 (Draft 11,89) A1,A2 等级为 B+C 级保护器的要求。在建筑物雷电保护器安装工程中,它保护了电源线上的等电位连接。当电源线架空引入建筑物时,架空线可能会引入部分直击雷电流,在此种建筑物电源架空引入的线路上,该保护器也可应用。V25 - B+C/3+NPE(B +C 等级)可用于 TN - C - S、TN - S、TT 和 IT 系统中特别的防雷器。而该保护器是根据 DIN VDE 0100,Part534/A1 的最新需求设计而来的,允许成对保护简单、安全的安装。

OBO V25 - B+C 高能量防雷器内含一个特别的压敏电阻电路,该电路由具备性能良好的非线性特性的氧化锌压敏电阻组成。这使得该防雷器即使在高能量的过电压冲击下,也能够最大限度地实现保护。甚至当电涌电流达到 60 kA 时,保护器的电压仍低于 1.5 kV。因此,这种防雷器能够承受来自于直接雷击下的部分雷电流。当线路过载情况发生时,防雷器内部的断路器会自动将失效的防雷器模块从主电路分断开来,同时模块上用于监视工作状态的显示窗口的颜色会由绿色转变为红色。OBO 防雷器 V25 - B+C 不仅能承受高通流容量的雷电流,同时具有低保护电压的特性,能够作为一个 B+C 联合保护器使用。在实际应用中,当建筑物本身设有外部避雷系统(如安装有避雷针、引下线、地网、外部屏蔽时),可根据 IEC、VDE 相关理论,在其建筑物内部的 380 V/230 V 低压配电电路上,采用 OBO V25 - B+C/3+NPE/FS 来建立电源线上的雷电保护等电位连接,可以避免雷电发生时引起的失火、爆炸、人身伤亡的危害。

防雷器模块的技术参数如表 7.9 和表 7.10 所示,供选型时参考。

表7.9 防雷器模块的技术参数表

型号	HD-D380M 100 A	HD-D380M 80 A	HD-D380M 60 A	HD-D380M 40 A	HD-D380M 20 A
标称工作电压 U_n(V)	380	380	380	380	380
最大持续工作电压 U_c(V)	385	385	385	385	385
标称放电电流 I_n(8/20 ms)(kA)	50	40	30	20	10
最大放电电流 I_{max}(8/20 ms)(kA)	100	80	60	40	20
电压保护水平 U_p(kV)	2.5	2.3	2	1.6	1.2
外形尺寸(mm)	36/72×66×90,54/108×62×90				
响应时间 T_a	≤25 ns				
工作温度范围 T_{up}	−40—+80℃				
最小安装导体截面	10 mm² 多股线				
保护等级	IP20				
外壳材料	阻燃热塑性材料				
接线方式	并联				
保护方式	4+0/3+1/1+1/2+0				

表7.10 防雷器模块的技术参数表

型号	V25-B+C
正常工作电压 U_N	230 V
最大持续工作电压 U_c,AC	385 V
U_c,DC	505 V
根据 VDE0675,Part6 标准下的分类级别	B
在 5 kA(8/20)冲击电流下的电压保护水平 U_p	≤1.0 kV
单模块最大通流量 I_{max}(8/20 μs)	60 kA
根据 IEC1312-1、ENV61024-1 标准,采用(10/350)直击雷脉冲电流波形测试下的量值,峰值电流 i_{smax}	25 kA
电量 Q	12.5 AS
特定能量 W/R	160 kJ/W
承受 25 Karpm 短路电流的最大保险丝规格	160 A gl
连接导线选择范围	2.5—35 mm²
安装	按 DIN EN50052 标准要求,固定于 35 mm 宽之金属导轨上
颜色 模块	橙色
底座	灰色
质量	700 g
材料	聚酰亚胺
体积(长×宽×高)	90 mm×89 mm×62 mm

在防雷器的具体选型时,除了各项技术参数要符合设计要求外,还要重点考虑以下几个参数和功能的选择:

(1) 最大持续工作电压(U_c)的选择

最大持续工作电压,表示可允许加在防雷器两端的最大工频交流电压有效值,它是关系到防雷器运行稳定性的关键参数。在选择防雷器的最大持续工作电压时,除了要符合相关标准要求外,还应考虑安装电网可能出现的正常波动及最高持续故障电压,例如在三相交流电源系统中,相线对地线的最高持续故障电压,有可能达到额定的工作电压交流 220 V 的 1.5 倍,一般取大于 330 V 的模块。

(2) 残压(U_{res})的选择

残压(U_{res})指雷电放电流通过防雷器时,其端子间呈现出的电压值。在确定选择防雷器的残压时,并不是单纯残压值越低越好,不同产品标准的残压数值,必须注明测试电流的大小和波形,方能进行比较。一般以 20 kA(8/20 μs)的测试电位条件下记录的残压值,作为防雷器的标准值,并进行比较。另外,对于压敏电阻防雷器选用残压越低时,将意味着最大持续工作电压也越低。因此,过分强调低残压,需要付出降低最大持续工作电压的代价,其后果是在电压不稳定地区,防雷器容易因长时间持续过电压而频繁损坏。对于压敏电阻防雷器,应选择最合适的最大持续工作电压和残压值,不可倾向任何一边。根据历史的经验,残压在 2 kV 以下(20 kA,8/20 μs),就可以对设备提供足够保护。

(3) 报警功能的选择

为了检测防雷器的运行状态,当防雷器出现损坏时,应能及时通知用户。防雷器一般都附带各种方式的损坏指示和报警功能,以适应不同环境的不同要求。

① 窗口色块指示功能

该功能适合有人值守且天天巡查的场所,在每组防雷器都装有一个指示窗口,防雷器正常时,该窗口呈绿色;当防雷器出现故障或损坏时,窗口呈红色,提示用户及时更换。

② 声光信号报警功能

该功能适用于有人值守的环境中使用,装有声光报警装置的防雷器始终处于自检测状态。防雷器模块一旦损坏,控制模块将立刻发出高频报警声,同时状态显示灯将由绿色变为闪烁的红灯,当损坏模块更换后,状态显示灯将恢复为绿色,同时报警声音关闭。

③ 遥信报警功能

遥信报警装置主要用于对安装在无人值守或难以检查位置的防雷器进行集中监控,带遥信功能的防雷器都装有一个监控模块,持续不断检查所有被连接的防雷模块的工作状态。如果某个防雷模块出现故障,机械装置将向监控模块发出指令,使监控模块内的常开和常闭触点分别转为常闭和常开,并将此故障开关信息发送到远程相应的显示或声音装置上,触发这些装置工作。

7.4 太阳能光伏系统的安装与调试

太阳能光伏系统是涉及多种专业领域的现代电源系统,不仅要进行合理可靠、经济实用的优化设计,还要选用高质量的部件和器材,进行规范安装和调试,否则,轻则会影响光伏系统的发电效率或造成故障,重则可能发生设备和人身的安全事故。

太阳能光伏系统安装人员要通过技术培训合格,并在工程技术人员的指导下进行操作。

7.4.1 太阳能光伏系统的安装

1) 太阳电池组件/方阵的安装

1. 确定安装位置

在光伏系统设计前,应到计划施工现场进行勘测,测量安装场地的尺寸大小,确定朝向和倾斜角。然后确定组件安装方式和位置,方阵前不能有建筑物或树木等遮挡物,如实在无法避免,则应尽量保证太阳能方阵面在上午9时到下午16时能接收到阳光,方阵之间的间距应严格按设计要求确定。

2. 方阵基础与支架的施工

场地应进行平整挖坑,按设计要求的位置浇注光伏方阵的支架基础和预埋件。基础与埋件要平整牢固。预埋件要涂上防腐材料。如果在屋顶安装太阳电池方阵,则应使基础预埋件与屋顶主体结构的钢筋牢固焊接或连接,或者采用铁线拉紧法、支架延长固定法等加以固定。在基础浇铸完成后,要对破坏或波及部分作防水处理,防止渗水、漏雨现象发生。在方阵基础和支架施工过程中,应尽量避免对相关建筑物及附属设施的破坏,如因施工需要不得已造成局部破损,应在施工结束后及时修复。

3. 电池组件安装

(1) 组件安装前应按照厂家提供的技术参数进行分组,将峰值工作电流相近组件串联在一起,峰值工作电压相近的并联在一起,要注意组件不受碰撞或破损,防止组件表面受硬物冲击。

(2) 将分好组的组件依次垫放到支架上,并使组件安装孔与支架的安装孔对准,用不锈钢螺柱、弹簧垫圈和螺母等将组件与支架牢固固定。

(3) 按太阳电池组件串联的设计要求,用电缆将组件的正负极进行连接,要特别注意极性不能接错。电缆连接完毕,要用绑带、钢丝卡等将电缆固定在支架上,以免长期风吹摇动而造成接触不良或电缆磨损。电池组件边框及支架要与保护接地系统可靠连接,接线完成后,应盖上接线盒盖板。

(4) 对于在屋顶上安装与建筑物一体化的太阳电池组件时,相互间的上下左右防雨连接结构必须严格施工,严禁漏水、漏雨,外表必须整齐美观。屋顶坡度超过10°时,应设置踏脚板,防止人员或工具物品的滑落。

(5) 太阳电池方阵的正负极两输出端,不能短路,否则可能造成人身事故、火灾。在阳光下安装时,最好用黑塑料薄膜等不透光材料盖在方阵上。

(6) 太阳电池组件安装完毕后要测量总电压和总电流,如果不合乎设计要求,应对各个支路分别测量,并更换不合格的太阳电池组件。

2) 光伏控制器和逆变器等电气设备的安装

1. 控制器的安装

小功率控制器安装时,应先将开关放在关的位置,注意接线的正负极性,先连接蓄电池,再连接太阳电池方阵的输入端,最后连接负载或逆变器。中、大功率控制器安装前,要先检查外观有无损坏、内部连接线和螺钉有无松动等。中功率控制器先固定在墙壁上或摆放在工作台上,大功率控制器可直接在配电室内地面安装。控制器若需要室外安装,必须符合密封、防潮要求。

2. 逆变器的安装

逆变器在安装前,同样要先进行外观及内部线路的检查,检查无误后将逆变器的输入开关置于关的位置,然后与控制器的输出接线连接。接线时要注意正负极性,并保证接线质量和安全。接完线后应先测量从控制器输入的直流电压是否正常,如果正常,则可在空载情况下,打开逆变器的输出开关,使逆变器处于试运行状态。逆变器的安装位置确定可根据其体积、重量大小,分别放置在工作台面、地面等,若需要在室外安装时,也必须符合密封、防潮要求。

3) 蓄电池的安装

蓄电池组安装人员应穿着防护服装,包括防酸手套、围裙和保护目镜,头戴非金属硬帽。蓄电池的安装位置应靠近太阳能电池。在中大型光伏系统中,蓄电池室必须与放置控制器、逆变器及交流配电柜的配电间分室而放,蓄电池室要求干燥、清洁、通风良好,环境温度应尽量保持在10—25℃之间。蓄电池不得倒置,不得受任何机械冲击和重压。安装的位置应便于接线和维护。

蓄电池与地面之间应采取绝缘措施,一般可垫木板或其他绝缘物,以免因蓄电池与地面短路而放电。蓄电池也可放在专用支架上,支架要可靠接地。

按设计要求将蓄电池进行串、并联,注意正负极不能接错,蓄电池极柱与接线之间必须紧密接触,也可在连接盒涂一层凡士林油膜以防锈蚀。蓄电池安装结束后,要测量蓄电池的总电压和单只电压,单只电压大小要相等,并检查接线质量和安全性。

4) 电缆的铺设与连接

1. 电缆的连接

在太阳能光伏系统进行光伏电池方阵与直流接线盒之间的线路连接时,所使用导线的截面积要满足最大短路电流的需要。电缆外皮颜色选择要规范,如火线、零线和地线等颜色要加以区别。电缆接头要特殊处理,防止氧化和接触不良,各太阳电池组件方阵串的输出引线要做编号和正负极性的标记,然后引入直流接线箱。

2. 电缆的铺设

当电缆铺设需要穿过楼面、屋面或墙面时,其防水套管与建筑主体之间的缝隙必须做好防水密封处理。当太阳电池方阵在地面安装时,要采用地下布线方式,地下布线时要对导线套线管进行保护。掩埋深度距离地面0.5 m以上。

5) 防雷与接地系统的安装

1. 防雷器的安装

(1) 防雷器的安装比较简单,防雷器模块、火花放电间隙模块及报警模块等都可以非常方便地组合并直接安装到配电箱中标准的35 mm导轨上。防雷器的安装位置应根据分区防雷理论及防雷器等级确定。B级(Ⅲ级)防雷器一般安装在电缆进入建筑物的入口处,例如安装在电源的主配电柜中;C级(Ⅳ级)防雷器则安装在分配电柜中;D级(Ⅰ级)防雷器属于精细保护防雷器,要尽可能地靠近被保护设备进行安装。

(2) 防雷器的连接电缆必须尽可能短,以避免导线的阻抗和感抗产生附加的残压降。如果现场安装时连接电缆长度大于0.5 m时,防雷器的连接必须用V字形方式连接。同时将防雷器的输入线和输出线尽可能保持较远距离。

(3) 防雷器的接地线必须和设备的接地线或系统保护接地可靠连接,系统中每一个局部的等电位排也必须和主等电位排可靠连接。为防止故障短路,在防雷器的入线处,必须加装安全开关或保险丝,一般 C 级防雷器前选取安装额定电流为 32 A 的安全开关,B 级防雷器前可选择额定电流值为 63 A 的安全开关。

2. 接地系统的安装

(1) 接地体的埋设

在进行太阳电池基础建设时,在配电房附近选择一开阔、无管、无阴沟的硬质地面,一字排列挖直径 1 m、深 2 m 的坑 2—3 个,坑与坑之间距不小于 3 m,坑内放入专用接地体,接地体应垂直放在坑的中央。放置前首先将引下线与接地体可靠连接,其上端离地面的深度大于 0.7 m,将接地体放入坑中后,在周围填充接地专用降阻剂,直至基本将接地体掩埋。填充过程中应同时向坑内注入一定的清水,以使降阻剂充分起效,最后用厚土将坑填满整实。

(2) 避雷针的安装

避雷针的安装最好依附在配电室等建筑物旁边,以利于安装固定,并尽量在接地体的埋设地点附近,避雷针的高度则根据要保护的范围而定,条件允许时尽量单独接地。

7.4.2 太阳能光伏系统的调试

太阳能光伏系统安装好后,有必要对整个系统进行必要的调试,以保证整个光伏系统能长期稳定工作。

1) 太阳电池组件(方阵)的调试

1. 电池组件及方阵的检查

仔细检查组件外观是否平整、美观,组件表面是否清洁,电池片有无裂纹、缺角和变色,边框有无损伤、变形等。引线是否接触良好、组件或方阵是否有螺钉松动和生锈之处,检查组件串中的电池组件的规格和型号是否相同。

2. 电池方阵的测试

测量太阳电池组件串两端的开路电压,根据生产厂家提供的技术参数,查出单块组件的开路电压,再乘以串联的数目,看两者是否相符。若相差太大,则可能有组件损坏、极性接反或连接处接触不良等问题,可逐个检查组件的开路电压及连接状况,消除故障。通常由 36 片或 72 片电池片串联的组件,其开路电压约为 21 V 或 42 V 左右。如有若干块太阳电池组件串联,则其组件串两端的开路电压应为 21 V 或 42 V 的整数倍。测量电池组件串两端的短路电流应基本符合设计要求,若相差较大,则可能有组件性能不良,应予以更换。

若太阳电池组件串联的数目较多,开路电压会很高。测量时应注意安全,待所有太阳电池组件串检查合格后,方可进行电池组件并联检查。在确保所有太阳电池组件串的开路电压基本相同的基础上,方可进行组件串的并联。并联后电压基本不变,总短路电流应大致等于多个组件串的短路电流之和。在测量短路电流时,也要注意安全,电流太大时可能跳火花,会造成设备或人身事故。

2) 控制器调试

检查控制器的外壳有无锈蚀、变形、接线端是否松动、输入输出接线是否正确。有条件时,可以对控制器的性能进行全面检测,验证其是否符合 GB/T 19064-2003 规定的具体要求。

对于小型光伏系统或确认控制器在出厂前已经调试合格,并且在运输和安装过程中并无任何损坏,在现场也可不再进行这些测试。而对于一般的独立光伏系统,控制器的主要功能是防止蓄电池过充电和过放电,在与光伏系统连接前,应先对控制器单独进行测试。可使用合适的直流稳压电源,为控制器的输入端提供稳定的工作电压,并调节电压大小,验证其充满断开、恢复充电及低压断开时的电压是否符合要求,还要测量控制器的最大自耗电是否满足不超过其额定工作电流的 1%。而对于具有输出稳压功能的控制器,可适当改变输入电压,测量其输出电压是否保持稳定。

在控制器单独测试完毕后,按设计要求,应先与蓄电池连接,再与太阳电池方阵输出的正负极相连,注意极性不能接反。检查方阵输出电压是否正常,是否有充电电流流过。

3) 逆变器调试

1. 离网逆变器调试

检查逆变器的产品说明书和出厂检验合格证书是否齐全,逆变器外观有无破损。有条件时可对逆变器进行全面检测,其主要技术指标应符合国标 GB/T19064—2003 的要求。测量逆变器输出工作电压,检测输出的波形、频率、效率、负载功率因数等指标是否符合设计要求,测试逆变器的保护、报警等功能。

2. 并网逆变器调试

在并网逆变控制器连接到光伏系统之前,应对其输出的交流电质量和保护功能进行单独测试。如果电网的电压和频率的偏差可以保持在最高允许偏差的 50% 以内,则可以直接将系统接入电网进行测试,而对于并网电能质量要求较高时,可借助于电能质量分析仪,引入电压和频率可调的净化交流电源(模拟电网)(其可提供的电流容量为光伏系统提供电流的 5 倍以上)、直流电压表、电流表和功率表及功率因数表测量,并网的工作电压、频率、功率因数以及谐波和波形畸变,判断是否符合电能质量标准,使用净化交流电源进行电网保护功能的检测:过电压/欠电压保护、过频率/欠频率、防孤岛效应、电网恢复、短路保护和反向电流保护等等,应符合《光伏系统并网技术要求》(GB/T19939-2005)的规定标准。

4) 绝缘测试

应检查测试太阳能光伏系统绝缘是否符合Ⅱ级安全设备的要求,绝缘电阻测试主要包括对太阳电池方阵及逆变器电路的测试。在进行太阳电池方阵电路的绝缘电阻测试时,要准备一个能够承受太阳电池方阵短路电流的开关。先用短路开关将太阳电池方阵的输出端短路,根据需要选用 500 V 或 1000 V 的绝缘电阻计(兆欧表)测试太阳电池方阵的各输出端对地间的绝缘电阻。当电池方阵输出端装有防雷器时,测试前要将防雷器的接地线从电路中脱开,测试完毕后再恢复原状。

逆变器绝缘电阻测试内容主要包括:输入电路的绝缘电阻测试和输出电路的绝缘电阻测试。输入电路的绝缘电阻测试时,应首先将太阳电池与接线箱分离,并分别短路直流输入电路的所有端子和交流输出电路的所有输出端子,然后分别测量输入电路与地线间的绝缘电阻和输出电路与地线间的绝缘电阻。

逆变器的输入、输出绝缘电阻值测定标准如表 7.11 所示。

表 7.11 绝缘电阻测定标准

对地电压(V)	绝缘电阻值(MΩ)
≤150	≥0.1
150—300	≥0.2
>300	≥0.4

5) 保护接地系统检查测试

检查接地系统是否良好、有无松动、连接线是否有损伤、所有接地是否为等电位连接。用接地电阻计测量接地电阻值,接地电阻计有手摇式、数字式及钳形式等。接地电阻计包括一个接地引线及两个辅助电极。接地电阻计的测试方法如图 7.18 所示,测试时要将接地电极与两个辅助电极的间隔各为 20 m 左右,并成直线排列。将接地电极接在接地电阻计的 E 端子,辅助电极接在电阻计的 P 端子和 C 端子,即可测出接地电阻值。

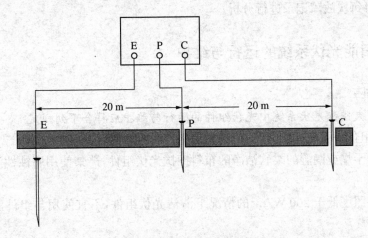

图 7.18 接地电阻测试示意图

7.5 太阳能光伏系统的运行与维护

太阳能光伏系统的运行与维护应做到安全适用、技术先进、经济合理,符合有关规范的规定和国家现行有关强制性标准的规定。太阳能光伏系统的维护和管理人员应具备一定专业知识、高度的责任心和认真负责的态度。定期检查太阳能光伏系统的运行情况,检查设备仪表和检测仪表显示的数据是否正常,并做好维护记录。

7.5.1 太阳能光伏系统运行与维护的一般要求

(1) 太阳能光伏系统的运行与维护应保证系统本身安全,以及系统不会对人员造成危害,并使系统维持最大的发电能力。

(2) 太阳能光伏系统的主要部件应始终运行在产品标准规定的范围之内,达不到要求的部件应及时维修或更换。

(3) 太阳能光伏系统的主要部件周围不得堆积易燃易爆物品,设备本身及周围环境应通风散热良好,设备上的灰尘和污物应及时清理。

(4) 太阳能光伏系统的主要部件上的各种警示标识应保持完整,各个接线端子应牢固可靠,设备的接线孔处应采取有效措施防止蛇、鼠等小动物进入设备内部。

(5) 太阳能光伏系统的主要部件在运行时,温度、声音、气味等不应出现异常情况,指示灯应正常工作并保持清洁。

(6) 太阳能光伏系统中作为显示和交易的计量设备和器具必须符合计量法的要求,并定期校准。

(7) 太阳能光伏系统运行和维护人员应具备与自身职责相应的专业技能。在工作之前必须做好安全准备,断开所有应断开开关,确保电容、电感放电完全,必要时应穿绝缘鞋,带低压绝缘手套,使用绝缘工具,工作完毕后应排除系统可能存在的事故隐患。

(8) 太阳能光伏系统运行和维护的全部过程需要进行详细的记录,对于所有记录必须妥善保管,并对每次故障记录进行分析。

7.5.2 太阳能光伏系统的运行与维护

1) 光伏方阵

1. 安装型太阳能光伏系统中光伏组件的运行与维护应符合下列规定

(1) 光伏组件表面应保持清洁,清洗光伏组件时应注意:

① 应使用干燥或潮湿的柔软洁净的布料擦拭光伏组件,严禁使用腐蚀性溶剂或用硬物擦拭光伏组件。

② 应在辐照度低于 200 W/m^2 的情况下清洁光伏组件,不宜使用与组件温差较大的液体清洗组件。

③ 严禁在风力大于 4 级、大雨或大雪的气象条件下清洗光伏组件。

(2) 光伏组件应定期检查,若发现下列问题应立即调整或更换光伏组件:

① 光伏组件存在玻璃破碎、背板灼焦、明显的颜色变化。

② 光伏组件中存在与组件边缘或任何电路之间形成连通通道的气泡。

③ 防止光伏组件接线盒变形、扭曲、开裂或烧毁,避免接线端子无法良好连接。

(3) 光伏组件上的带电警告标识不得丢失。

(4) 使用金属边框的光伏组件,边框和支架应结合良好,两者之间接触电阻应不大于 4 Ω。

(5) 使用金属边框的光伏组件,边框必须牢固接地。

(6) 在无阴影遮挡条件下工作时,在太阳辐照度为 500 W/m^2 以上,风速不大于 2 m/s 的条件下,同一光伏组件外表面(电池正上方区域)温度差应小于 20℃。装机容量大于 50 kWp 的光伏电站,应配备红外线热像仪,检测光伏组件外表面温度差异。

(7) 使用直流钳型电流表在太阳辐射强度基本一致的条件下,测量接入同一个直流汇流箱的各光伏组件串的输入电流,其偏差应不超过 5%。

2. 支架的维护应符合下列规定

(1) 所有螺栓、焊缝和支架连接应牢固可靠。

(2) 支架表面的防腐涂层不应出现开裂和脱落现象,否则应及时补刷。

3. 太阳能光伏系统的运行与维护除符合上述相关规定外,还应符合下列规定

(1) 光伏建材和光伏构件应定期由专业人员检查、清洗、保养和维护,若发现下列问题应立即调整或更换:

① 中空玻璃结露、进水、失效,影响光伏幕墙工程的视线和热性能。

② 玻璃炸裂,包括玻璃热炸裂和钢化玻璃自爆炸裂。

③ 镀膜玻璃脱膜,造成建筑美感丧失。

④ 玻璃松动、开裂、破损等。

(2) 光伏建材和光伏构件的排水系统必须保持畅通,应定期疏通。

(3) 采用光伏建材或光伏构件的门、窗应启闭灵活,五金附件应无功能障碍或损坏,安装螺栓或螺钉不应有松动和失效等现象。

(4) 光伏建材和光伏构件的密封胶应无脱胶、开裂、起泡等不良现象,密封胶条不应发生脱落或损坏。

(5) 对光伏建材和光伏构件进行检查、清洗、保养、维修时所采用的机具设备(清洗机、吊篮等)必须牢固,操作灵活方便,安全可靠,并应有防止撞击和损伤光伏建材和光伏构件的措施。

(6) 在室内清洁光伏建材和光伏构件时,禁止水流入防火隔断材料及组件或方阵的电气接口。

(7) 隐框玻璃光伏建材和光伏构件更换玻璃时,应使用固化期满的组件整体更换。

2) 直流汇流箱、直流配电柜

1. 直流汇流箱的运行与维护的规定

(1) 直流汇流箱不得存在变形、锈蚀、漏水、积灰现象,箱体外表面的安全警示标识应完整无破损,箱体上的防水锁启闭应灵活。

(2) 直流汇流箱内各个接线端子不应出现松动、锈蚀现象。

(3) 直流汇流箱内的高压直流熔丝的规格应符合设计规定。

(4) 直流输出母线的正极对地,负极对地的绝缘电阻应大于 2 兆欧。

(5) 直流输出母线端配备的直流断路器,其分断功能应灵活、可靠。

(6) 直流汇流箱内防雷器应有效。

2. 直流配电柜的运行与维护的规定

(1) 直流配电柜不得存在变形、锈蚀、漏水、积灰现象,箱体外表面的安全警示标识应完整无破损,箱体上的防水锁开启应灵活。

(2) 直流配电柜内各个接线端子不应出现松动、锈蚀现象。

(3) 直流输出母线的正极对地、负极对地的绝缘电阻应大于 2 兆欧。

(4) 直流配电柜的直流输入接口与汇流箱的连接应稳定可靠。

(5) 直流配电柜的直流输出与并网主机直流输入处的连接应稳定可靠。

(6) 直流配电柜内的直流断路器动作应灵活,性能应稳定可靠。

(7) 直流母线输出侧配置的防雷器应有效。

3) 控制器、逆变器

1. 控制器的运行与维护的规定

(1) 控制器的过充电电压、过放电电压的设置应符合设计要求。

(2) 控制器上的警示标识应完整清晰。

(3) 控制器各接线端子不得出现松动、锈蚀现象。

(4) 控制器内的高压直流熔丝的规格应符合设计规定。

(5) 直流输出母线的正极对地、负极对地、正负极之间的绝缘电阻应大于 2 兆欧。

2. 逆变器的运行与维护的规定

(1) 逆变器结构和电气连接应保持完整，不应存在锈蚀、积灰等现象，散热环境应良好，逆变器运行时不应有较大振动和异常噪声。

(2) 逆变器上的警示标识应完整无破损。

(3) 逆变器中模块、电抗器、变压器的散热器风扇根据温度自行启动和停止的功能应正常，散热风扇运行时不应有较大振动及异常噪音，如有异常情况应断电检查。

(4) 定期将交流输出侧(网侧)断路器断开一次，逆变器应立即停止向电网馈电。

(5) 逆变器中直流母线电容温度过高或超过使用年限，应及时更换。

4) 防雷与接地系统

(1) 光伏接地系统与建筑结构钢筋的连接应可靠。

(2) 光伏组件、支架、电缆金属铠装与屋面金属接地网格的连接应可靠。

(3) 光伏方阵与防雷系统共用接地线的接地电阻应符合相关规定。

(4) 光伏方阵的监视、控制系统、功率调节设备接地线与防雷系统之间的过电压保护装置功能应有效，其接地电阻应符合相关规定。

(5) 光伏方阵防雷保护器应有效，并在雷雨季节到来之前、雷雨过后及时检查。

5) 交流配电柜及线路

1. 交流配电柜的维护的规定

(1) 交流配电柜维护前应提前通知停电起止时间，并将维护所需工具准备齐全。

(2) 交流配电柜维护时应注意以下安全事项：

① 停电后应验电，确保在配电柜不带电的状态下进行维护。

② 在分段保养配电柜时，带电和不带电配电柜交界处应装设隔离装置。

③ 操作交流侧真空断路器时，应穿绝缘靴，戴绝缘手套，并有专人监护。

④ 在电容器对地放电之前，严禁触摸电容器柜。

⑤ 配电柜保养完毕送电前，应先检查有无工具遗留在配电柜内。

⑥ 配电柜保养完毕后，拆除安全装置，断开高压侧接地开关，合上真空断路器，观察变压器投入运行无误后，向低压配电柜逐级送电。

(3) 交流配电柜维护时应注意以下项目：

① 确保配电柜的金属架与基础型钢应用镀锌螺栓完好连接，且防松零件齐全。

② 配电柜标明被控设备编号、名称或操作位置的标识器件应完整，编号应清晰、工整。

③ 母线接头应连接紧密，不应变形，无放电变黑痕迹，绝缘无松动和损坏，紧固连接螺栓不应生锈。

④ 手车、抽出式成套配电柜推拉应灵活，无卡阻碰撞现象；动触头与静触头的中心线应一致，且触头接触紧密。

⑤ 配电柜中开关的主触点不应有烧溶痕迹，灭弧罩不应烧黑和损坏，紧固各接线螺丝，清洁柜内灰尘。

⑥ 把各分开关柜从抽屉柜中取出，紧固各接线端子。检查电流互感器、电流表、电度表的安装和接线，手柄操作机构应灵活可靠性，紧固断路器进出线，清洁开关柜内和配电柜后面引出线处的灰尘。

⑦ 低压电器发热物件散热应良好,切换压板应接触良好,信号回路的信号灯、按钮、光字牌、电铃、电筒、事故电钟等动作和信号显示应准确。

⑧ 检验柜、屏、台、箱、盘间线路的线间和线对地间绝缘电阻值,馈电线路必须大于 0.5MΩ;二次回路必须大于 1 MΩ。

2. 电线电缆维护时应注意以下项目

(1) 电缆不应在过负荷的状态下运行,电缆的铅包不应出现膨胀、龟裂现象。

(2) 电缆在进出设备处的部位应封堵完好,不应存在直径大于 10 mm 的孔洞,否则用防火堵泥封堵。

(3) 在电缆对设备外壳压力、拉力过大部位,电缆的支撑点应完好;

(4) 电缆保护钢管口不应有穿孔、裂缝和显著的凹凸不平,内壁应光滑;金属电缆管不应有严重锈蚀;不应有毛刺、硬物、垃圾,如有毛刺,锉光后用电缆外套包裹并扎紧。

(5) 应及时清理室外电缆井内的堆积物、垃圾,电缆外皮损坏应进行处理。

(6) 检查室内电缆明沟时,要防止损坏电缆;确保支架接地与沟内散热良好。

(7) 直埋电缆线路沿线的标桩应完好无缺;路径附近地面无挖掘;确保沿路径地面上无堆放重物、建材及临时设施,无腐蚀性物质排泄;确保室外露地面电缆保护设施完好。

(8) 确保电缆沟或电缆井的盖板完好无缺;沟道中不应有积水或杂物;确保沟内支架应牢固、有无锈蚀、松动现象;铠装电缆外皮及铠装不应有严重锈蚀。

(9) 多根并列敷设的电缆,应检查电流分配和电缆外皮的温度,防止因接触不良而引起电缆烧坏连接点。

(10) 确保电缆终端头接地良好,绝缘套管完好、清洁确保电缆相色应明显。

(11) 金属电缆桥架及其支架和引入或引出的金属电缆导管必须接地(PE)或接零(PEN)可靠;桥架与桥架间应用接地线可靠连接。

(12) 桥架穿墙处防火封堵应严密无脱落。

(13) 确保桥架与支架间螺栓、桥架连接板螺栓固定完好。

(14) 桥架不应出现积水。

6) 光伏系统与建筑物结合部分

(1) 光伏系统应与建筑主体结构连接牢固,在台风、暴雨等恶劣的自然天气过后应普查光伏方阵的方位角及倾角,使其符合设计要求。

(2) 光伏方阵整体不应有变形、错位、松动。

(3) 用于固定光伏方阵的植筋或后置螺栓不应松动;采取预制基座安装的光伏方阵,预制基座应放置平稳、整齐,位置不得移动。

(4) 光伏方阵的主要受力构件、连接构件和连接螺栓不应损坏、松动,焊缝不应开焊,金属材料的防锈涂膜应完整,不应有剥落、锈蚀现象。

(5) 光伏方阵的支撑结构之间不应存在其他设施,光伏系统区域内严禁增设对光伏系统运行及安全可能产生影响的设施。

7) 蓄电池

(1) 蓄电池室温度宜控制在 5—25℃之间,通风措施应运行良好;在气温较低时,应对蓄电池采取适当的保温措施。

(2) 在维护或更换蓄电池时,所用工具(如扳手等)必须带绝缘套。

(3) 蓄电池在使用过程中应避免过充电和过放电。

(4) 蓄电池的上方和周围不得堆放杂物。

(5) 蓄电池表面应保持清洁,如出现腐蚀漏液、凹瘪或鼓胀现象,应及时处理,并查找原因。

(6) 蓄电池单体间连接螺丝应保持紧固。

(7) 若遇连续多日阴雨天,造成蓄电池充电不足,应停止或缩短对负载的供电时间。

(8) 应定期对蓄电池进行均衡充电,每季度要进行 2—3 次。若蓄电池组中单体电池的电压异常,应及时处理。

(9) 对停用时间超过 3 个月以上的蓄电池,应补充充电后再投入运行。

(10) 更换电池时,最好采用同品牌、同型号的电池,以保证其电压、容量、充放电特性、外形尺寸的一致性。

8) 数据通讯系统

(1) 监控及数据传输系统的设备应保持外观完好,螺栓和密封件应齐全,操作键接触良好,显示读数清晰。

(2) 对于无人值守的数据传输系统,系统的终端显示器每天至少检查 1 次有无故障报警,如果有故障报警,应该及时通知相关专业公司进行维修。

(3) 每年至少一次对数据传输系统中输入数据的传感器灵敏度进行校验,同时对系统的 A/D 变换器的精度进行检验。

(4) 数据传输系统中的主要部件,凡是超过使用年限的,均应及时更换。

7.5.3 巡检周期和维护规则

太阳能光伏系统的巡检周期分为一天 1 次、一周 1 次、一月 1 次、一季 1 次、半年 1 次和一年 1 次等,分为日常巡检和定期巡检,应符合相关的巡检规定,并认真填写《巡检记录表》,见表 7.12。逆变器的电能质量和保护功能,正常情况下每 2 年检测一次,由具有专业资质的人员进行。运行不正常或遇自然灾害时应立即检查。

表 7.12 巡检记录表

_____光伏系统巡检记录表				
巡检日期		巡检人		
	检查项目	检查结果	处理意见	备注
光伏组件	组件表面清洁情况			
	组件外观、气味异常			
	组件带电警告标识			
	组件固定情况			
	组件接地情况			
	组件温度异常			
	组件串电流一致性			

续 表

_____光伏系统巡检记录表

巡检日期			巡检人		
	检查项目		检查结果	处理意见	备注
支架	支架连接情况				
	支架防腐蚀情况				
直流汇流箱	外观异常				
	接线端子异常				
	高压直流熔丝				
	绝缘电阻				
	直流断路器				
	防雷器				
直流配电柜	外观异常				
	接线端子异常				
	绝缘电阻				
	直流输入连接				
	直流输出连接				
	直流断路器				
	防雷器				
控制器	过充电电压				
	过放电电压				
	警示标识				
	接线端子异常				
	高压直流熔丝				
	绝缘电阻				
逆变器	外观异常				
	警示标识				
	散热风扇				
	断路器				
	母排电容温度				
接地与防雷系统	组件接地				
	支架接地				
	电缆金属铠装接地				
	各功率调节设备接地				
	防雷保护器				

续 表

光伏系统巡检记录表

巡检日期		巡检人		
检查项目		检查结果	处理意见	备注
配电线路	交流配电柜			
	电线电缆			
	电缆敷设设施			
建筑物与光伏系统结合部分	光伏方阵角度			
	建筑物整体情况			
	屋面防水情况			
	光伏系统锚固结构			
	建筑受力构件			
	光伏系统周边情况			
储能装置	蓄电池室温度及通风			
	蓄电池组周围情况			
	蓄电池表面异常			
	蓄电池单体连接螺丝			
	蓄电池组电压			
	单体蓄电池电压			
数据传输装置	外观异常			
	终端显示器			
	传感器灵敏度			
	A/D变换器精度			
	主要部件使用年限			

对于太阳能光伏系统中需要维护的项目,应由符合表7.13要求的专门人员进行维护和验收,维护和验收时应填写《维护记录表》和《验收记录表》。

表7.13 维护规则

维护级别	维护内容	维护人员资质
1级	1. 不涉及系统中带电体 2. 清洁组件表面灰尘 3. 紧固方阵螺丝	经过光伏知识培训的操作工
2级	1. 紧固导电体螺丝 2. 清洁控制器、逆变器、配输电系统、蓄电池 3. 更换熔断器、开关等元件	经过光伏知识培训的有电工上岗证的技工
3级	1. 逆变器电能质量检查、维护 2. 逆变器安全性能检查、维护 3. 数据传输系统的检查、维护	设备制造企业的相关专业技术人员
4级	1. 光伏系统与建筑物结合部位出现故障	建筑专业的相关技术人员

表 7.14　维护记录表

项目名称	
维护内容	
	签发人：　　　　　日期：
维护结果	
	维护人：　　　　　日期：
验收	
	检验员：　　　　　日期：

表 7.15　验收记录表

项目名称	
检修内容	
	签发人：　　　　　日期：
检修结果	
	检修人：　　　　　日期：
验收	
	检验员：　　　　　日期：

总之，要定期检查，了解和分析太阳能光伏系统的运行情况和维护记录，对光伏系统的运行状态做出判断。发现问题，立即进行专业维护。为保障太阳能光伏系统处于长期稳定正常运行状况，必须加强日常维护和定期维护，妥善管理，规范操作，发现问题及时解决。

7.6 实训 14 太阳能光伏应用产品维护实训

一、实训目的

(1) 掌握太阳能光伏应用技术。

(2) 学会维护太阳能光伏应用产品。

二、实训设备

序号	名　　称	备　　注
1	德劲太阳能多功能收音机	DE13
2	数字万用表	
3	双踪示波器	
4	电烙铁	

三、实训内容

图 7.19　太阳能光伏多功能收音机外观图

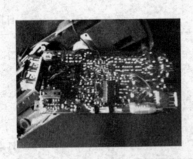 

图 7.20　太阳能光伏多功能收音机内部接线图

德劲太阳能多功能收音机是一款新型、绿色节能电子产品，它的供电方式有五种：手摇发电、太阳能光伏电池供电、外接电源充电、镍氢电池供电以及干电池供电等。收音机外观及接线见图 7.19 和 7.20，另外它还具备一些特殊功能：

(1) 通过 USB 接口对手机、MP3、MP4 等进行充电。

(2) 紧急报警功能。

(3) 节能照明灯。

在了解德劲(DE13)太阳能多功能收音机上述功能后,为进一步掌握太阳能光伏应用技术在电子方面应用,还应在以下几方面进行深入分析和研究。

(1) 从外观上观察 DE13 的组成,熟悉太阳电池板的安放,会使用 USB 充电接口,了解手摇发电柄、报警器和节能灯的使用。

(2) 用螺丝刀将收音机的外壳拆下,用电烙铁将相关的导线拆焊。

(3) 分组讨论、分析和研究手摇发电、太阳能光伏电池供电、外接电源充电和镍氢电池供电的电路原理。

(4) 分组讨论、分析和研究光伏照明灯、光伏手机充电器和光伏报警器的电路原理。

(5) 分组讨论、分析和研究收音机的构成及电路原理。

(6) 画出上述电路原理图,并简述其工作原理。

(7) 用电烙铁、焊锡丝、螺丝刀等将收音机再组装好,学会维护太阳能光伏电子产品。

(8) 撰写实训报告。

7.7 实训 15 太阳能光伏系统设计实训

一、实训目的

学会设计太阳能光伏系统。

二、实训设备

太阳电池组件、光伏控制器、逆变器、负载、各种检测仪器仪表等。

三、实训内容

(1) 自行设计一个太阳能光伏系统,离网型或并网型光伏系统,系统负载可以是一户家庭、一幢实验大楼、一幢宿舍楼或是一家超市的用电需求。

(2) 调查、记录系统负载的用电需求,负载的电功率、每日用电时间和用电量及当地的气象条件。

(3) 写出工作任务书,设计方案。

(4) 画出太阳能光伏系统框架图。

(5) 设计太阳能电池组件和蓄电池的容量。

(6) 设计太阳能光伏控制器。

(7) 设计太阳能光伏逆变器。

(8) 太阳能光伏系统的硬件设计。

(9) 列出设计选用的元器件、设备清单。

(10) 画出太阳能光伏系统的电原理图。

(11) 太阳能光伏系统的制作。

(12) 太阳能光伏系统的检测、调试。

(13) 撰写实训报告。

习 题

(1) 设计一个实用的 10 kW 太阳能光伏系统。
(2) 如何管理和维护太阳能光伏系统?

课题 8　太阳能光伏应用技术

太阳能是安全可靠、方便灵活的可再生清洁能源,太阳能光伏技术的应用规模和范围在迅速扩大,在太空、交通、照明、通信中应用及其广泛,光伏系统与建筑物相结合,形成光伏建筑物一体化,而并网发电以及混合发电更是太阳能光伏技术的重要应用。

8.1　太阳能灯

太阳能灯是一种利用太阳能作为能源的灯,只要阳光充足就可以就地安装,不必远距离连接电网,十分方便,已经开始大量推广应用,是目前太阳能光伏技术应用数量最多的领域。

太阳能灯的特点是:白天负载基本不消耗电能,在有阳光时,将太阳电池发出的电能储存在蓄电池中,晚上供给灯具使用。太阳能灯有太阳路灯、太阳能草坪灯、庭院灯、警示灯等。

8.1.1　太阳能路灯

太阳能路灯由太阳电池组件、蓄电池、照明电路、充放电控制器和灯杆等组成,灯杆可支撑灯头,同时支撑太阳电池组件和蓄电池。太阳能路灯一般选用高效率的晶体硅太阳电池,同时选用低功耗、高亮度的照明灯管,见图 8.1。

太阳能路灯的控制器,除了要具备光伏系统的防过充和过放、防反接、防反充等功能外,还要具备自动开关照明灯的功能,通常使用光控和时控两种方法进行控制。根据实际需要,预先设定路灯每天晚上的工作时间。调整计时器的接通和断开时刻,以便自动开关路灯。可以单独安装光敏器件,也可利用太阳电池本身作为光敏器件,即在周围环境暗到一定程度时自动开灯,到天亮时再自动关灯。

由于环境温度的变化会影响蓄电池的性能,温度每上升 1℃,单节蓄电池的电压下降 3—6 mV,因此在设计电路时,必须对蓄电池的充放电电压作温度补偿,单片机控制器一般采用温度传感器作温度补偿。

太阳能路灯是集光、电、机械控制等技术为一体的艺术品,要与周围的环境相统一协调,要考虑其外形美观、结构合理,要合理确定太阳电池组件、蓄电池的容量及负载功率的大小,以保证系统可靠地工作,达到最好的经济效益。

图 8.1 太阳能路灯

8.1.2 太阳能路灯光源

在一体化的太阳能路灯上能够安装太阳电池板的面积有限。所以,光源是关键,应用传统的灯具光源供电十分经济,对光源有特殊要求,通常太阳能路灯光源有以下几种:

1. 荧光灯

荧光灯是一种充有惰性气体的低压汞蒸气放电灯,通过引燃灯管内稀薄汞蒸气进行弧光放电,汞离子受激产生紫外线辐射,照射到灯管内荧光粉涂层上,紫外线的能量被荧光材料所吸收,其中一部分转化为可见光并释放出来。荧光灯的发光效率可超过 80 Lm/W,寿命达 8000—10000 h,显色指数 50 以上。自 20 世纪 80 年代以来,紧凑型荧光灯(CFL)完成了系统化、电子化、一体化和大功率的进展,耗电量仅为白炽灯的 1/4,因而称为节能灯。

2. 高强度气体放电灯 HID

高强度气体放电灯通常包括高压汞灯、高压钠灯、金属卤化物灯等,它们的发光效率都远比白炽灯高,高强度气体放电灯的工作气体压强一般超过 10 个大气压,寿命长(可达 10000 h 左右),在大面积照明和室外照明等场合得到广泛应用。

(1) 高压汞灯

20 世纪 30 年代初期高压汞灯发出的光是蓝紫色,缺少红光波长,发光效率比白炽灯高出 2.5 倍,到了 50 年代,提高汞蒸气的压力和功率,使汞灯的发光效率提高到 50 Lm/W。显示指数 40,功率范围 35—3500 W。

（2）高压钠灯

高压钠灯的工作介质是金属钠蒸气,灯的内部充有金属汞和惰性气体。高压钠灯的发光谱线主要是钠双黄线的展宽,双黄线接近人眼最为灵敏的绿色谱线(555 nm),高压钠灯中放电物质的蒸气压很高,即钠原子密度很高,电子与钠原子之间频繁碰撞,使共振辐射谱线加宽,出现其他可见光谱的辐射,因此高压钠灯的光色优于低压钠灯,高压钠灯的发光效率约为 120 Lm/W,使用寿命可达 24000 h,功率范围 30—1000 W 的灯具已系列化。另外,高显色性的高压钠灯,显色指数可达 80,发光效率 80 Lm/W,可广泛应用于室内和商场照明。

（3）金属卤化物灯

金属卤化物灯可分为两类：一类是主要放射线性光谱的,如钠-铟-铊碘化物灯、钠-铊-钍碘化物灯、钠-稀土金属碘化物灯和铯-稀土金属卤化物灯。另一类是放射连续光谱的,如锡灯和锡-钠卤化物灯等,这些灯中除了碘化物外,也包含有溴或氯的化合物。溴化锡和氯化锡在高温状态下,比碘化物还稳定,不容易分解,从而确保锡成分的分子辐射达到最大值,提高了灯的发光效率。金属卤化物灯的发光效率可比高压汞灯提高 40% 以上,显示指数超过 65,色温 4000—6000 K,寿命可达 10000 h,光的性能指标超过高压汞灯,金属卤化物灯具有发光效率、功率大、显示性高、色温高、体积小、寿命长的优点,在室内、外照明光源中占有重要的地位。陶瓷金属卤化物灯(CPM)在近年的发展中引人注目,其发光性能一致性和稳定性好,允许更高的电弧温度,灯的发光效率可提高 10%—20%,并且发光体小,亮度高。现在已有 35 W、70 W 和 150 W 等产品,光效达 90 Lm/W,显色指数为 83,有效寿命可达 12000 h。

3. 高频无极灯

20 世纪 90 年代,日本、荷兰和美国相继推出新颖的高频无极荧光灯,又称高频等离子体放电无极灯。这种灯是根据电磁感应原理制成的新型光源,利用频率很高的电磁场,这种频率常在 2.65 MHz 以上,以此来加速灯内的气体的运动,通过多次碰撞产生的等离子体来激发汞原子发出 253.7 nm 的紫外线,然后再去激发涂在玻璃球泡内壁的三基色荧光粉变为可见光,其结构由高频发生,功率耦合线圈、电磁感应灯管组成,其特点是：

发光效率高,最大光能可达 90 Lm/W,并且显色性好,寿命长。高频无极灯使用寿命长,通常可达 40000—60000 h,光强衰减小,与系统光源相比,不会产生因多次点燃或电极损耗造成灯管的发黑和影响灯的光通量的现象。可有效保证在灯寿命期间的照明质量。调光性能好,高频无极灯通过 IC 电路进行工作,电路集成了良好的调光控制性能,高频无极灯特别适合于需要长期照明而更换灯具困难的应用场所,如商业照明和公共照明、车站、码头、隧道等照明应用场所。

4. 半导体发光二极管 LED

半导体发光二极管 LED 发明于 20 世纪 60 年代,其基本用途是作为电子设备的指示灯。LED 是一种无灯丝的电光源,它是靠半导体化合物制成的特殊结构,将电能转换成光能的半导体器件,其结构主要由 P—N 结芯片、电极和光学系统组成。发光二极管有许多优点,如工作电压低、耗电量少、性能稳定、使用寿命特别长(一般为 10^5—10^7 h)、抗冲击、耐振动性强、体积小、重量轻、电路简单、使用方便。

早期的半导体发光二极管亮度小、视角窄、颜色仅红光一种,并且质量不稳定,后来利用掺氧工艺和新的半导体材料,使发光二极管的亮度提高了10倍以上,达到1—5 cd/m² 级水平,具有红、黄、橙、绿、紫和白等多种发光颜色,可广泛用于路灯、图文显示、交通信号等。

LED光源的特点是工作电压低,它使用低压直流电源供电,供电电压在2—24 V之间,发光效率高,稳定性好,工作10万小时后,光强才衰减为初始的50%。响应时间短,一般为纳秒级,对环境污染小,可变色,改变电流可以改变光的颜色,调整材料的能带结构和带系,可实现红、黄、绿、紫、橙多色发光,如小电流时为红色的LED,随着电流的增加,可以依次变为橙色、黄色,最后变为绿色。

由于LED所需的电源为低压直流电,所以作为太阳能光伏照明的光源特别合适,宽视角、大功率、白光LED的研制成功,也为LED进入太阳能光伏照明领域创造了有利条件。

8.1.3 太阳能灯的其他形式

1. 太阳能草坪灯和庭院灯

太阳能草坪灯和庭院灯一般体积小,安装位置较低,光源的功率低,如2 W左右。一般选用太阳能专用的LED灯,亮度50 m外可见,采用反射式照明配备单晶硅太阳电池集中供电,常选用12 V的免维护蓄电池作为储能器件,智能化控制器采用光控和时控两种控制方式。太阳能草坪灯和庭院灯见图8.2,其颜色有红、黄、白、紫、绿等多种供选择。太阳光照一天,一般可照明10 h以上,阴雨3天能正常工作。

图8.2　太阳能草坪灯和庭院灯

2. 太阳能交通警示灯

太阳能交通警示灯,是新一代高科技交通安全产品,广泛应用于汽车、摩托车等交通工具在途中的维修、收费站及高速公路、道路维护施工等场所,具有很好的警示作用。见图8.3所示。

图8.3 太阳能交通警示灯

3. 太阳能航标灯

太阳能航标灯,可以无人值守,由太阳电池自动给蓄电池充电,按光线强弱自动开关,有些大型深海岸标,太阳电池功率大、光照强、射程远,可以保证海上安全航行。太阳能航标如图8.4所示,WM-BL150A型太阳能航标灯由全封闭免维护蓄电池和单晶硅太阳能电池组成电源系统,并和LED航标灯组成一个整体。一旦安装使用,即可自动工作,无须任何外加的电源,最大有效视距达4.5海里,灯器防护等级高达IP68,可适用各种环境条件。

图8.4 太阳能航标灯

图8.5 太阳能手提灯

4. 太阳能手提灯

太阳能手提灯将蓄电池和手提灯结合在一起,白天由太阳能电池板充电后,可以随身携带,适合于夜间活动和在野外使用,以及抢险救灾、应急照明等场所。

8.2 太阳能光伏技术在交通上的应用

8.2.1 太阳能汽车

随着石油储量的逐渐枯竭，人们开始探索利用清洁的可再生能源作为动力，于是太阳能汽车应运而生。20多年来，各国已经制造出很多种太阳能汽车，澳大利亚、美国等还定期举行太阳能汽车比赛，从 1987 年以来，松下世界汽车挑战赛每两年举行一次，从澳大利亚北领地普库达尔文出发，向南行驶，到达南澳大利亚州阿德莱德，全程长 3000 km。2007 年的比赛共有 38 辆来自世界各地的汽车比赛，最后荷兰得尔夫特科技大学太阳能车队的"Nuna4"太阳能汽车获得冠军，"Nuna4"型太阳能汽车上部覆盖了 6 m² 总计 2318 块太阳电池，这些电池会向 29 块锂电池充电，最后由锂电池带动 7.5 马力的电动机运转，驱动整台汽车，"Nuna4"型太阳能汽车加上驾驶员总重约 190 kg，可以保持 128 km/h 的行驶速度。

一款名为 Sunswift IVy 的太阳能赛车，造价 17.5 万英镑（约合 27.7 万美元），由新南威尔士大学 (the University of New South Wales) 太阳能赛车团队设计，该车是为 2009 年的 WSC (World Solar Challenge) 世界太阳能车挑战赛而准备的，这已经是该学校的太阳能赛车团队自 1996 年正式组建以来制造出的第四辆太阳能车，而这个团队的上一个结晶——为 2005 年 WSC 准备的 Jaycar Sunswift III 就已经获得了业界很高的评价和关注。Sunswift IVy 的电池组由 400 个左右的硅电池构成，重仅 25 kg，可输出 1200 W 的功率，仅相当于我们常见的烤箱或者空调，带着太阳能赛车，以 87 km/h 的速度创下了新的吉尼斯世界纪录。太阳能汽车的原速度纪录为每小时 49 英里（约合每小时 78 公里），由通用汽车公司的 Sunraycer 于 1988 年创造。此次驾驶这部太阳能车的是来自特斯拉澳洲分部的两位职业车手。

图 8.6 Sunswift IVy 太阳能汽车

太阳能汽车在构造上与传统的汽车有很大差别，太阳能汽车没有发动机、驱动变速箱等机械构件。太阳能汽车的行驶只要控制流入电动机的电流就可解决。全车主要有 3 个技术环节：① 将太阳光转化为电能。② 将电能储存起来。③ 将电能最大程度地发挥到动力上，所以太阳能汽车的主体是由太阳能电池板、储电器件和电动机系统等 3 大结构所组成的，太阳能汽车所采用高效太阳电池、应用特殊的轻型材料、车体结构等都要进行专门的设计制造，太阳能汽车的使用与天气有关，如长期遇阴雨天，会影响使用。见图 8.6 所示。

8.2.2 太阳能游船

太阳能游船利用太阳能提供电力,中国早在1982年举行的第14届世界博览会上就展出了"金龙号"太阳能游船,引起广泛的关注。近年来,太阳能游船得到了更多的发展。在英国伦敦海德公园的湖面上,一艘完全利用太阳能驱动的游船格外引人瞩目。太阳能游船长14.5 m,载客量42人,平均速度为6 km/h,游船顶部装有27块太阳电池板,能够将太阳能转换为电能储存起来,为游船提供充足的动力。这艘太阳能游船最大航程为132 km,造价为23万英镑,虽然造价比同样大小的柴油动力游船高20%,但在游船航行过程中,不消耗燃料,无噪声,无污染。在德国的湖上有一艘太阳能游船,长27 m,重42 t,有两个马力均为8 km的发动机。在有阳光的日子,它可以载运100名游客,工作16 h。

图8.7 "尚德国盛号"太阳能游船

我国第一艘太阳能混合动力游船"尚德国盛号"于2010年06月06日在上海黄浦江畔起航。由尚德太阳能电力控股有限公司投资、中国船舶重工集团公司设计制造、上海国盛(集团)负责运营的"尚德国盛号"游船,在世博会期间为游客提供观光游览服务。该船是国内第一艘采用多种能源的混合动力船舶,首次将太阳能电力导入游船动力,将混合动力模式引入船舶建造,其最具特色的"太阳翼"高10 m、宽5 m。采用高效晶硅异型太阳能电池70余片,可跟踪阳光照射方向自动旋转,综合选择风力、风向,最大化利用太阳能。"尚德国盛号"总长31.85 m,总宽9.8 m,高7 m,可容纳150余名游客。在不同的日照情况下,船体行驶所使用的动力可在太阳能和柴油机组间进行自动调配,时速近15 km,节省电力和减排均达到30%以上。见图8.6所示。

"尚德国盛号"是一艘科技含量极高的环保节能船,其太阳能电池板——"太阳翼"的面积为48 m^2,当风力小于5级时,"太阳翼"始终处于吸收太阳能效率最大的角度高效收集太阳能;当风力在5级至6级之间,"太阳翼"根据风向、风力并与阳光照射情况自动优化选择方位;风力在6级及以上,"太阳翼"在60 s内放倒至30度,保证航行安全。据介绍,按上海标准的光照条件计算,"尚德国盛号"年发电量可达17841度,相当于每年节约标准煤约6.282 t,每年可减少二氧化碳排放量约15.705 t。由于该船采用电力推进,避免推进柴油发动机变频噪声,而柴油发电机采用美国进口科勒发电机组,加装隔音罩,发电机组1 m处测量噪音仅为 78 分贝,客舱内部噪音仅为 50 多分贝,比传统柴油机工况减少约 20 分贝。全船照明均采用节能型灯泡及 LED 灯,大大降低能源损耗,减少温室气体排放。"尚德国盛号"作为 2010 年世博会上海企业联合馆——"魔方"的指定用船,让中外宾客以更低碳的方式来欣赏浦江美景、感受世博主题。

世界最大的太阳能船艇于 2010 年 2 月 25 日在德国基尔亮相,这艘被命名为"星球太阳能号"(PlanetSolar)的船将在 2011 年展开完全依靠太阳能驱动的环球航行探险。"星球阳光"长 31 m、宽 15 m、排水量 60 t,最高船速可达 14 海里/小时(26 km/h)。"星球太阳能号"轮船长 30 m、宽 15 m,造价 1800 万英镑(约合 1.8 亿元人民币)。"星球太阳能号"计划运用太阳能以及其他清洁能源为主要动力,轮船表面覆盖有近 500 m² 的黑色太阳能板,与位于中间的白色驾驶室形成了鲜明的对比,最快速度能够达到 25 km/h,总共能够承载 50 名乘客,它的瑞士制造商说,"星球阳光"的设计达世界先进水平,可在汹涌波涛中顺利航行,航行过程"安静、清洁"。见图 8.8 所示。

图 8.8 "星球太阳能号"(PlanetSolar)太阳能游船

随着科技的进步,太阳电池效率的逐渐提高和成本的不断下降,太阳能游船也将逐步得到推广应用。

8.2.3 太阳能飞机

太阳能作为飞机的动力是人们长期以来的梦想,20 世纪末,人们就开始进行探索,先后制造了几架太阳能飞机。

1. "太阳神(Apollo)"号太阳能飞机

2001 年 7 月美国太空总署资助研制的太阳能飞机"太阳神"号,在夏威夷试飞,在 10 小时 17 分的飞行中升至 22800 m 的目标高度。太阳神号飞机耗资 1500 万美元,用碳纤维合成物制造,整架飞机重 590 kg,机身长 2.4 m,活动机翼全展时达 75 m。动力来源于装在机翼上的 65000 片太阳电池,太阳能板输出的电力驱动小型发动机,全机身上 14 个螺旋桨转动,由地面两名机师通过遥控设备操作飞行,在 2003 年的一次试飞时解体坠入夏威夷考艾岛附近海域。

2. "西风"号太阳能飞机

2006 年 8 月,英国研制的全球首架无人侦察机——"西风"号试飞成功,该机采用全球定位系统导航,最大飞行高度达 40000 m,飞行速度 70 m/s,它依靠太阳电池提供动力,可持续飞行3个月之久,可对目标实施长时间的高密度监控。

3. "太阳驱动"号太阳能飞机

太阳能飞机惊人的续航力,来自取之不竭的阳光,持续飞行时间取决于部件的寿命极限。世界上最大的太阳能飞机"太阳驱动"(Solar Impulse)号在当地时间2010年7月8日成功完成首次试飞,创造了26小时零9分钟的不间断飞行记录,这也是太阳能飞机持续时间最长、飞行高度最高的世界纪录。"太阳驱动"号飞机的翼展达63 m,由4台电动机驱动,设计用于全天24 h飞行。当天早晨8点,"太阳驱动"由该项目总裁、瑞士探险家安德烈·勃希伯格(Andre Borschberg)驾驶,在距瑞士首都伯尔尼西南大约30英里(约合48 km)的帕耶那机场,成功完成首次昼夜试飞。飞机刚一落地,工程师们便匆忙跑上前去,将"太阳驱动"稳定住,以防其207英尺(约合63 m)长的翼展刮到地面,令飞机倾覆。见图8.9所示。

图8.9 "太阳驱动"号太阳能飞机

图8.10 皮卡尔德与安德烈·勃希伯格一起庆祝

这次创纪录的飞行壮举历时7年规划,令这个由瑞士主导的项目距离其仅仅利用太阳能进行环球飞行的目标更近一步。"太阳驱动"号飞机表面覆盖内含1.2万个太阳能电池的嵌板,可以收集阳光,为驱动安装在机翼的螺旋桨的四个电动机供电,"太阳驱动"号采用超轻但强度极大的碳纤维材料制造。见图8.10所示。

4. "Zephyr"号无人太阳能飞机

英国研制的一架无人太阳能飞机,破纪录连续飞行了2周,堪称世界首架"永恒飞机"。这不但是航空业一大突破,更可望由此发展出飞行时间更长的飞机,在天空逗留数月乃至数年之久。

图 8.11　英国"Zephyr"号无人太阳能飞机

这架名为"Zephyr"的飞机于 2010 年 7 月 9 日从美国亚利桑那州上空起飞,夜以继日在 1.8 万米高空飞行,连续飞行的时间为 14 天 22 分钟 8 秒,打破了以往无人飞机连续飞行 30 小时的纪录。见图 8.11 所示。

Zephyr 由太阳能驱动,机翼上铺满纸张般薄的太阳能电池板,其锂硫电池在日间储存能量,使飞机足够日夜飞行,成为史上首架能源自足的飞机,而且不会造成污染。Zephyr 翼展长 22.5 m,恍如史前巨鸟,机身用超轻碳纤维制造,仅重 50 kg。创新的 T 字形机尾,按照空气动力学的原理设计,可减轻空气阻力。

除了用作军事监察,Zephyr 亦可监测天气、山林大火和当作通讯中继站,其功能媲美人造卫星,但造价只有后者的百分之一。

8.2.4　太阳能电动车

电动车是一种以电力为能源的车子,一般使用铅酸电池或锂离子电池进行供电。而太阳能电动车是在此基础上,将太阳能转化成电能对车进行供电,在很大程度上降低了电动车的使用成本,而且非常环保。其结构性能更加卓越超群,及时有效地补充电动车野外行驶途中的电量,增强行驶电能,维护和延长蓄电池使用寿命。设计独特,安装使用方便,保持电动车现有的配置和车辆结构,是目前同类产品中功率最大、价格最低、性能最优的太阳能充电器。使用寿命可达 10 年左右,特别在提高电动车运行性能,降低电动车使用成本方面有很高的应用价值。太阳能电动车由于技术的不断进步,尤其是电池和控制技术的提高,在一些发达国家得到飞速发展。

太阳能电动车是通过太阳电池板发电为直接驱动力或以蓄电池储存电能再驱动的三轮和四轮电动车,适用于作为城市或乡村交通代步工具或小批量货运工具,或者公园广场等地点的旅游观光工具,环保、节能。见图 8.12 所示。

图 8.12　太阳能电动车

8.3 太阳能光伏家用电源系统

8.3.1 小型电子产品光伏供电系统

由于太阳能随处可得,使用极其方便,一些小型的用电量很少的电子产品与太阳能光伏电池有机结合在一起,组成太阳能光伏电子小产品。见图8.13和8.14所示。

图8.13 太阳能光伏电子小产品

图8.14 太阳能光伏电子小产品

可在室内使用的太阳能电子产品有太阳能计算器、太阳能手表、太阳能玩具等,它们通常以非晶硅太阳电池作电源,不但成本便宜,而且非晶硅太阳电池的弱光响应要比晶体硅太阳电池好,温度系数小,在相同功率的情况下,非晶硅太阳电池发电量更多。

太阳能手机充电器的面积和名片大小一般,只有 4 cm 厚,重 40 g,只要接上手机的插口,便可靠日光充电 4 h。

太阳能换气扇,安装在有太阳能电池板的窗框上,太阳电池产生的电流驱动换气扇旋转,换气能力可达每分钟 $1 m^3$。

太阳能风帽是将太阳电池组件安装在凉帽顶部,通过导线与小电动机连接,在太阳照射下,太阳电池组件发出的电力可驱动小电动机带动风扇转动。

太阳能电子小玩具用太阳能电池提供动力。

太阳能收音机,广东东莞生产一款多功能太阳能收音机 DE13 就是很好例证。电视机还配有手摇发电、太阳电池发电和 USB 手机充电插口等等。

太阳能电视,芬兰研制的太阳能电视机也是其中一例。使用时,通常只要白天把半导体硅光转换器放在有阳台的窗台上,晚上不需电源便可看电视。半导体转换器储存的电能可供工作电压为 12 V 的电视机使用 3—4 h,德国和美国已经开始批量生产便携式太阳能彩电。

8.3.2 户用独立光伏系统

最基本的户用独立光伏系统主要由太阳能电池板、蓄电池控制器及连接导线等组成,最初主要是为了满足边远地区农、牧民家庭最基本的照明需求,功率很小,只有 10 W 左右,系统简单。后来逐步发展成可为较多的家用电器(彩电、冰箱等)供电,相应的太阳电池板和蓄电池容量较大的户用光伏系统可以使用,而给交流负载供电需要使用逆变器。在一些国家的乡村别墅,也采用户用太阳能光伏电源系统。见图 8.15 和 8.16。

图 8.15　户用独立光伏系统

图 8.16　太阳能汽车充电站

8.3.3 户用并网光伏系统

户用并网光伏系统将户用光伏系统与电网相连,在有日照时太阳电池方阵发出的电力除供给家用电器使用外,如有多余可以输入电网。在晚上或阴雨天,光伏方阵发出的电力不足时,则由电网向家用电器提供部分或全部电力。

这类光伏系统有很多优点:太阳电池方阵可以安装在屋顶上,不占用土地资源,可以实现就近供电,减少线损。电力可以随时输入电网或由电网供电,不必配备储能装置,节约成本。

在一些工业化国家实施的"太阳能屋顶计划"的推动下,户用并网光伏系统发展迅速,一般安装 3 kW 左右的光伏系统,即可满足普通家庭用户的需要。

8.4 太阳能光伏技术在通信系统中的应用

在远距离通信或信号传输中,每隔一定距离通常需要设立中继站或转播站,必须要有可靠的电源方能正常工作,而有些地区常规供电不能得到保证,尤其是在高山或荒漠地区。而光伏发电随处可得,并且可以无人值守,所以在早期的光伏系统应用中,通信电源占有相当大的份额。

太阳能光伏系统广泛应用于无人值守微波中继站、光缆维护站、电力/广播/电讯电源系统、农村载波光伏系统、士兵 GPS 供电等等。早在 1978 年,澳大利亚就在蒂南特克利克到阿利斯普林斯全长 500 km 的微波线路上,建立了第一批 13 套通信中继站光伏电源系统。每个站功耗为 130 连续瓦(即功率 130 W 每天 24 小时连续工作),取得了很好的使用效果。后来扩展到 23 个站,每个站功耗为 300 连续瓦。在 1983—1985 年间,全世界太阳电池销售总量中有 24% 用于通信电源系统。从兰州经西宁到拉萨全长 2500 km 的光缆通信线路上,有 26 个站采用了光伏电源,应用光伏总容量超过了 100 kW,到 1996 年,中国用于通信的光

图 8.17 微波中继站光伏电源

伏组件容量已超过 4.4 MW,大约占当时全国光伏安装量的一半。在 2006 年,中国的光伏发电市场中,通信和工业应用占的份额达到了 33.8%,微波中继站光伏电源如图 8.17 所示。现在高速公路旁的应急电话机已经广泛采用太阳能电源,在一些特殊场所,战时的军用通信可用带有柔性衬底的薄膜太阳电池为通信机充电。

8.5 光伏建筑一体化

进入 20 世纪 90 年代以后,随着常规发电成本的上升和人们对环境保护的日益重视,一些国家纷纷实施推广太阳能屋顶计划,著名的有德国的"十万屋顶计划"、美国"百万屋顶计划"以及日本的"新阳光计划"等等。光伏发电与建筑物集成化的概念也在 1991 年被正式提出,并很快成为热门话题,近年来提出的"零能耗建筑"观念,在很大程度上也只有光伏与建筑物相结合才能实现。

8.5.1 光伏与建筑物相结合的方式和优点

光伏与建筑物相结合有以下两种方式:一种是光伏系统与建筑物相结合,另一种是光伏器件与建筑物相结合。

1. 光伏系统与建筑物相结合(BAPV)

将太阳能光伏组件安装在建筑物屋顶或阳台、外墙,经过逆变器、控制器及输出端与公共电网并联,共同向建筑物供电。

该模式的特点为:可以充分利用闲置的屋顶、幕墙和阳台等处,不单独占用土地,不必配备储能装置,节省投资,夏天用电高峰时,正好太阳辐射强度大,光伏系统发电量多,可以对电网起到调峰作用。使用方便,维护简单,降低成本,并可以分散就地供电。

2. 光伏器件与建筑物相结合(BIPV)

光伏组件与建筑物材料融为一体,采用特殊的材料和工艺手段,使光伏组件可以直接作为建筑材料使用,既能发电,又可作为建材,进一步降低发电成本。与一般的平板式光伏组件不同,BIPV 组件要兼有发电和建材的功能,就必须满足建材性能的要求,如隔热、绝缘、防雨、抗风、透光、美观,还要具有足够的强度和刚度,不易破损,便于施工安装及运输等等,还要考虑使用寿命是否相当。

光伏建筑一体化 BIPV 的组件一般包括三种:建筑屋顶一体型组件、建筑幕墙一体型组件以及柔软型组件。见图 8.18 至 8.21 所示。

(1) 建筑屋顶一体型组件

该类型的组件是指在屋顶的表面将太阳电池组件、屋顶的基础部分以及屋顶材料等组成一体的屋顶层。建筑屋顶一体型太阳电池组件按太阳电池在建筑物上的安装方式,可以分为可拆卸或屋顶面板式以及隔热式,它们的优点是可以省去部分太阳电池设置部分的屋顶瓦,降低成本,同时省去太阳电池下面铺设的屋顶材料,减轻屋顶重量。

图8.18 光伏建筑一体化

图8.19 光伏建筑一体化

图8.20 光伏建筑一体化

图8.21 光伏建筑一体化

(2) 建筑幕墙一体化组件

该组件适用于高层建筑物,作为壁材和窗材使用。建筑幕墙一体型太阳电池组件可分为:玻璃壁或建筑幕墙一体化太阳电池组件、金属壁式幕墙一体化太阳电池组件等。

(3) 柔软型建筑一体化太阳电池组件

该组件主要用于窗户玻璃、曲面建筑物等,随着建筑一体化技术、大面积化技术以及施工方法的研究,开发建筑一体化太阳电池组件将会在太阳能发电方面得到越来越广泛的应用。

8.5.2 光伏建筑一体化设计的评价标准及核心问题

1. BIPV 设计的评价标准

光伏建筑一体化设计要保证光伏发电系统以优雅的美学方式集成在建筑物上,成为建筑物整体的一部分,具体评价标准如下:

(1) 自然集成,即光伏系统要成为建筑物的自然逻辑部分,两者俨然构成一个不可分割的整体。要让建筑物令人满意,组成结构完善。光伏组件的颜色和质地要与其他材料相一致。例如采用无框架组件取代有框架组件,采用特制的光伏技术获得适合的颜色、透明度、形状及质地。

(2) 栅格融合以及组成，光伏系统的组成要与建筑物的尺寸及建筑物上的栅格相匹配，这些决定了组件的尺寸以及建筑物上使用的栅格条的尺寸。

(3) 整体融合是指建筑的整个外表应该与光伏系统相融合，并与建筑物整体相一致。

(4) 工程质量良好，设计创新。在建筑物上要有创新的思维，增加建筑物的价值。

2. BIPV 设计的核心问题

BIPV 设计中的核心部分就是确定组件数、组件尺寸、集成在屋顶或正面发电系统的整体尺寸。组件上的阴影也是值得考虑的问题，因为当组件中的一部分被阴影遮挡时，系统损失的效率比想像的多，将直流电模式转换成交流电模式，有助于隔离阴影产生的影响。

逆变器的性能也非常重要，其需要安装在太阳电池组件附近。

(1) 光伏组件的维护与清洁问题。

(2) 光伏组件的安装需要考虑国家及地方规范，光伏组件的安装方向和倾角问题，光伏组件接收到的最大辐射量取决于组件光收集表面的倾角和方向。

(3) 光伏建筑物之间的距离问题。

(4) 形状与颜色，太阳电池的颜色一般为蓝色或者近乎黑色，其他不同颜色的太阳电池不是按标准工艺生产的。

8.5.3 光伏建筑一体化的发展

早在 1979 年美国太阳联合设计公司（SDA）在能源部的支持下，研制出了面积为 0.9 m×1.8 m 的大型光伏组件，建造了户用屋顶光伏试验系统，并于 1980 年在 MIT 建造了有名的"Carlisle House"，屋顶安装了 7.5 kW 的光伏方阵。

美国 United Solar 公司研制出以不锈钢材料为衬底的可以弯曲的非晶硅电池组件，可以作为屋顶材料使用。

瑞士联邦银行新建大楼的屋顶上安装了 100 kW 光伏方阵，外墙安装了 82 kW 的光伏与建筑一体化材料，形成了建筑物的绿色外观。每瓦光伏系统的安装成本小于 6 美元，全部光伏系统的费用不到建筑物总造价的 1%。近年来，美国的一些大公司也开始安装光伏系统，如著名的 Google 公司加州总部的停车场的屋顶上，就安装了 1.6 MW 的光伏发电系统，2010 年的上海世博会的沙特阿拉伯展馆，也采用了光伏一体化建筑。

随着科技的进步，光伏建筑一体化新产品将不断涌现，光伏系统的大规模应用，将促使其价格进一步下降，光伏建筑一体化将成为光伏应用最著名的领域之一，有着广阔的发展前景。

8.6 太阳能光伏在太空中的应用

太阳电池最早作为人造卫星的电源，至今人类发射到太空的各类飞行器绝大部分都是使用太阳电池作为电源。高效率的硅和砷化镓太阳电池是人造卫星的首选，我国的"神舟五号"载人飞船上的电就是由太阳能提供的，"神舟五号"载人飞船上的光伏组件采用了大量的先进复合材料，以减轻自身质量并解决热胀冷缩问题。

太阳光经过大气层照射到地面时，能量大约要损失 1/3，在地面上平均每天能接收到的太阳能约为 2—12 kW·h/m², 而在太空每天将能接收到 32 kW·h/m² 的太阳能, 所以如能在太空建立光伏发电系统, 效果将会比地面应用好得多。

早在 1968 年, 美国工程师彼得·格拉泽就创造性地提出在离地面 3.6×10^4 km 的地球静止轨道上建造光伏电站的构想。设想这个电站利用铺设在巨大平板上的亿万片太阳电池, 在太阳光照射下产生电流, 将电流集中起来转换成无线电微波, 发送给地面接收站, 地面接收后, 将微波恢复为直流电或交流电供用户使用。美国宇航局和能源部在 20 世纪 70 年代末组织专家进行空间光伏电站的可行性研究, 在 1995—1997 年美国宇航局又组织专家开展了新一轮的研究论证, 其中 "太阳塔" 和 "太阳盘" 两种方案被看好。

一座发电能力为 250 MW 的 "太阳塔" 电站, 所需投资估计为 80—150 亿美元。

一座发电能力为 5 GW 的 "太阳盘" 电站, 所需投资约为 300—500 亿元美元, 采用直径为 3—6 km 的高效薄膜太阳电池发电。

发展空间光伏电站, 需要大量资金, 也还有不少技术性的问题需解决, 因此一些人持怀疑否定态度。但是随着社会的发展和科技的进步, 这些问题将会逐步得到解决。光伏空间电站终究会发射上天, 有朝一日, 太阳能发电卫星真正使用时, 将彻底解决人类的电力供应问题。太空太阳电站如图 8.22 所示。

图 8.22 太空太阳电站

8.7 光伏电站

光伏电站通常都有相当规模, 所发的电能全部输入电网, 由于采用集中经营管理, 采用先进技术统一调度, 所以相对发电成本较低。近年来, 随着太阳电池价格的降低和技术的进步, 加上一些国家的扶持政策, 大型光伏电站开始兴建。见图 8.23 和图 8.24。

2007 年前, 大型光伏电站的建设和发展主要集中在德国, 到 2008 年 4 月止, 全球已建成最大的 10 座容量超过 11 MW 的光伏电站中, 西班牙就占了 6 座, 德国 2 座, 美国和葡萄牙各一座。

德国在莱比锡以东的 Bradis 地区利用原来的空军基地, 兴建总容量为 40 MW 的光伏电站,该电站长约 2 km,宽为 0.6 km,占地面积相当于 200 个英式足球场,全部采用薄膜太阳电池组件,共计 55 万块,为 First Solar 公司提供的 CdTe 薄膜电池组件。太阳电池组件面积大约 $4\times10^5 \text{m}^2$,系统造价为 3250 欧元/kW,总投资约 1.75 亿美元,完成后每年能发电 $4\times10^7 \text{kW}\cdot\text{h}$,可供超过 1 万户家庭使用,每年可减少 CO_2 排放量 2.5 万吨。

随着人们对气候变暖、环境污染的日益重视,各国政府对于发展可再生能源优惠政策的落实,以及光伏应用和并网技术的提高,大型光伏电站将会迅速发展,在能源消费结构中,起到越来越重要的作用。"金太阳示范工程"是国家 2009 年开始实施的支持国内促进光伏发电产业技术进步和规模化发展、培育战略性新兴产业的一项政策。"金太阳"工程是继中国政府在 3 月出台对光电建筑每瓦补贴 20 元政策之后的又一重大财政政策,将适时地推动中国光伏发电项目的发展。三部委计划在 2—3 年内,采取财政补助方式支持不低于 500 MW 的光伏发电示范项目。据估算,国家将为此投入约 100 亿元财政资金。除此之外,光伏电站和光伏并网发电等项目,都将成为"金太阳"工程补贴的重点。中国最大的光伏地标建筑——"力诺之翼"于 2011 年 2 月 21 日竣工,它位于济南市经十东路力诺阳光科技园内,是一个立体式光伏电站,总长度为 120 m,高 20 m,采用 LED 进行亮化,见图 8.25,整个景观电站安装 240 kW 光伏组件,年发电量为 24 万 kW·h,每年可节省标准煤 88.8 吨。2010 年上海世博会光伏电站如图 8.26 所示。

图 8.23 太阳能光伏电站

图 8.24 太阳能屋顶电站

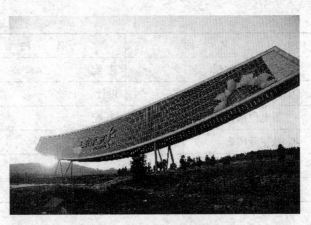

图 8.25 "力诺之翼"光伏电站

图 8.26 2010 年上海世博会光伏电站一览图

8.8 实训 16 太阳能光伏应用技术实训

一、实训目的

(1) 掌握太阳能光伏应用技术。
(2) 学会设计、制作太阳光伏电子小产品。

二、实训设备

序 号	名 称	备 注
1	太阳能电池板	选配
2	太阳能控制器	设计
3	蓄电池组	选配
4	数字万用表	
5	直流负载	
6	双踪示波器	

三、实训内容

综合运用前面已学过的太阳光伏发电、控制器和逆变器知识,掌握控制和逆变技术。学会自己设计、制作太阳能光伏电子小产品。

要求:写出工作任务书、设计方案,选用元器件、设备清单,画出 PCB 原理图,并选购器材完成太阳能光伏电子小产品的制作。

太阳能光伏电子小产品可以是太阳能光伏充电器、太阳能光伏稳压电源、太阳能光伏收音机、太阳能光伏 LED 灯,要充分发挥创造力和想象力,设计别具特色的太阳能光伏电子小产品。

习 题

(1) 阐述太阳能光伏应用技术,列举光伏应用产品。
(2) 设计、制作太阳能光伏电子小产品。

课题 9　太阳能光伏产业概况及核能利用

在全球矿产能源越来越紧缺的形势下，太阳能作为无污染可持续的绿色能源越来越受到人们的重视。而其相关应用技术特别是太阳能光伏发电近两年也得到迅猛发展，出现欧、美、日、中等多极竞争格局，并且在太阳能光伏研究、产业及应用方面取得巨大进展。中国光伏发电产业于 20 世纪 70 年代起步，90 年代中期进入稳步发展时期。太阳电池及组件产量逐年稳步增加。经过 30 多年的努力，已迎来了快速发展的新阶段。在"光明工程"先导项目和"送电到乡"工程等国家项目及世界光伏市场的有力拉动下，中国光伏发电产业迅猛发展。2007 年中国光伏电池产量首次超过德国和日本，居世界第一位。

2010 年 12 月 2 日，财政部、科技部、住房和城乡建设部以及国家能源局四部门联合在北京宣布，将在未来几年借助财政补贴，要实施"太阳能屋顶"项目等一系列举措，强力推动太阳能光伏发电在国内的大规模应用。四部门决定，将北京经济技术开发区等 13 个开发区确定为中国首批"光伏发电集中应用示范区"。这意味着，作为太阳能光伏产业制造大国的中国，开始试图通过降低国内光伏发电成本加快太阳能资源在国内的开发应用，改变中国在太阳能光伏发电的应用上一直乏善可陈的困局。本章结合国际上太阳能光伏发展的现状与趋势，针对我国当前实际情况，对我国太阳能光伏产业的发展际遇与对策做一些初步探讨。

9.1　国际国内太阳能光伏发展现状与趋势

目前国际上太阳能电池研发水平居于前列的主要是德国、美国、日本等发达国家。国际"太阳能之父"澳大利亚新南威尔士大学的马丁·格林教授是最初太阳能光伏技术领域的研究者和发明者，对人类能源的发展作出了重要贡献。从太阳能产业和应用情况来看，美国、德国、日本、英国和西班牙仍然在世界居于前列。德国的 Q-Cells 在 2008 年全球太阳能电池生产排名中傲视群雄，以 574 MW（兆瓦）稳居第一。而随后美国的 First Solar 和我国尚德公司异军突起，在 2009 年度全球 10 大太阳能电池厂排名中分享了第一和第二的位置。包括台湾地区在内我国另四家企业也榜上有名。2010 年尚德公司实现千兆瓦产能跃居世界第一。2008—2010 年世界十大太阳能电池企业排名与产量可见表 9.1。

美国的 First Solar 公司实力较强，特别是在薄膜太阳能电池的成本控制、规模量产及产品竞争优势上目前无人能望其项背。日本的太阳能电池产业实力依然雄厚，在经历前两年的短暂低迷后，2009 年依然有两家企业位列排名中第三和第七的位置。我国的尚德公司自 2001 年建立起经过短短几年跨越式、超常规的大发展，产品技术和质量水平已完全达到国际光伏行业先进水平。尚德公司于 2004 年被 PHOTON International 评为全球前十位太阳电池制造商,并于 2005 年底挺进世界光伏企业前五强,达到目前 150 MW 太阳电池的制造能力,成为全球四大太阳电池生产基地之一。

表 9.1 2008—2010 年世界十大太阳电池企业排名与产量

2008 年		2009 年		2010 年	
厂商	产能(兆瓦)	厂商	产能(兆瓦)	厂商	产能(亿瓦)
德国 Q-Cells	574	美国 First Solar	1100	中国尚德	15.85
美国 First Solar	503	中国尚德	704	中国晶澳	14.63
中国尚德	500	日本夏普	595	美国 First Solar	14.11
日本夏普	473	德国 Q-Cells	586	中国天合光能	10.5
日本京瓷	290	中国英利	525	德国 Q-Cells	10.14
中国英利	281.5	中国晶澳	520	中国英利	9.8
中国晶澳	277	日本京瓷	400	中国茂迪(台湾)	9.45
中国茂迪(台湾)	272	中国天合光能	399	日本夏普	9.1
美国 SunPower	237	美国 SunPower	397	中国昱晶(台湾)	8.27
日本三洋	215	中国昱晶(台湾)	368	日本京瓷	6.5

从 1999 年以来,世界太阳能电池生产一直保持高速发展势头,特别是欧洲以德国为首和日本分别采取对光伏发电实行为期 20 年的固定电价和居民屋顶并网光伏发电系统投资补贴等诸多政策措施推进了太阳能电池产业的进一步发展。2008 年世界太阳能电池生产总量 6847.7 MW,欧洲和日本分别占有 27% 和 16% 左右。

从图 9.1 和表 9.2 可以看出我国太阳能电池产量从 1999 年不足美国产量的 5% 发展到 2008 年超出美国 958.5 MW 产量近一倍,这是很了不起的事情。从所占比例来看,2008 年我国太阳能电池占世界总产量的 26% 左右,前景看好。

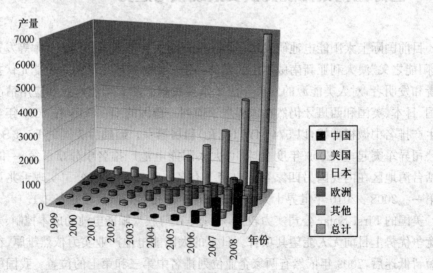

图 9.1 1999—2008 年全球太阳能电池产量(MW)与分布图

表 9.2　1999—2008 年全球太阳能电池产量数据统计

国家、产量 (MW)	年份									
	1999	2000	2001	2002	2003	2004	2005	2006	2007	2008
中国	2.5	3	4.6	6	12	50	145.7	438	1088	1780
年增长率	—	20%	53.30%	30.40%	100%	317%	191%	201%	148%	63.60%
美国	60.8	75	100.3	120.6	103	138.7	153.1	179.6	266.1	958.5
年增长率	—	23.40%	33.70%	20.20%	−14.60%	34.70%	10.40%	17.30%	48.20%	260%
日本	80	128.6	172.9	252.6	365.4	604	833	926.9	920	1095.4
年增长率	—	60.80%	34.40%	46.10%	44.70%	65.30%	37.90%	11.30%	−0.80%	19.10%
欧洲	40	60.7	73.9	122.1	200.2	311.8	472.6	680.3	1062.8	1850
年增长率	—	51.80%	21.70%	65.20%	64%	55.70%	51.60%	43.90%	56.20%	74.10%
其他	17.5	20	22.9	35.5	66.4	106.5	188.5	336.5	663.2	1163.8
年增长率	—	14.30%	14.50%	55%	87%	60.40%	77%	78.50%	97.10%	75.50%
总计	200.8	287.3	374.6	536.8	747	1211	1792.9	2561.3	4000.1	6847.7
年增长率	—	43.10%	30.40%	43.30%	39.20%	62.10%	48.10%	42.80%	56.20%	71.2

从太阳能电池的技术种类来看,硅材料太阳能电池仍然占据主导地位。从图 9.2 可以看出 2009 年单晶硅和多晶硅电池所占比例超过 80%。其中多晶硅是跨化工、冶金、机械、电子等多学科、多领域的高新技术产品,是半导体、大规模集成电路和太阳能电池产业的重要基础原材料,是硅产品产业链中极为重要的中间产品。它的发展与应用水平,已经成为衡量一个国家综合国力、国防实力和现代化水平的重要标志。由于材料、生产工艺、应用等诸多原因多晶硅已经开始逐渐超越单晶硅占据更多的市场。薄膜电池发展迅速。2005 年时全球太阳能电池产能有 95% 属于结晶系,5% 属于薄膜技术。2009 年和 2010 年薄膜技术达到全球总产能的 20% 及以上,2013 年时预计成长到 30%。2009 年薄膜(thin film)太阳能电池的产能达到 3.58 GW(吉瓦)。而薄膜电池中以非晶硅电池所占比重最大,2011—2012 年预计产量将达到整个薄膜电池产量的 60% 以上。

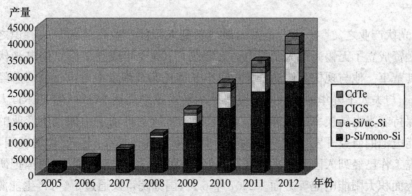

图 9.2　2005—2012 年全球太阳能电池按技术种类产量(MW)统计预测

在太阳能光伏利用方面,大多数发达国家都是以屋顶计划和并网发电作为基本形式,从而大大有利于太阳能应用的推广。以下是一些国家近几十年来具有较大代表性的太阳能光伏的发展建设项目:

(1) 1998年德国提出"10万光伏屋顶计划",计划6年安装300—500 MW光伏系统。2004年德国政府已完成兴建10万个太阳能发电屋顶的目标;

(2) 1997年美国宣布"百万屋顶计划",计划到2010年在100万座屋顶上安装光伏发电和光热系统。目前已完成。美国参议院能源委员会2010年7月投票通过了美国"千万太阳能屋顶计划",计划可以完成并超过未来10年间安装1000万太阳能系统的目标;

(3) 2003年,英国政府宣布将投入400英镑资助18个用于公共建筑物的太阳能屋顶计划;

(4) 1996年日本宣布可再生能源发展目标,到2010年可再生能源占一次能源供应量的3.1%,其中光伏发电4820 MW。日本将从2007年开始到2012年,用6年的时间推行一项在全国的政府办公大楼屋顶安装太阳能发电装置的计划;

(5) 希腊、瑞士、西班牙也有类似计划。

这些国家中德国和日本做得较为出色。德国2000年出台了《可再生能源法》,首次确立了税收优惠减免方案,2003年完成了10万光伏屋顶计划,这些都促进了德国光伏产业的新一轮发展。2009年德国包括太阳能在内的可再生能源发电量占发电总量的比重达到16%。这一数字已远远超过欧盟制定的到2010年可再生能源发电比重至少达到12.5%的目标。德国政府在光伏发电推广上采取一系列包括补贴在内的得力措施。根据德国光伏补贴修正案,自2010年7月1日起,德国对屋顶光伏系统和移除耕地农场设施的补贴额将减少13%,对转换地区补贴额将减少8%,其他地区将减少12%。从今年10月1日开始,总的补贴额还将进一步减少3%。同时,法案增加"自有消费奖励",鼓励那些拥有小于500 kW的屋顶光伏发电系统的房屋主自用光伏发电。目前,德国光伏产业可以说是充满活力,2009年,德国光伏装机容量总计达3.8 GW,占全球总装机容量一半还多。德国的成功经验无疑值得我国相关光伏行业和产业借鉴。吸收其合理的政策和技术,将对我国太阳能光伏产业发展起到非常重大的意义。

9.2 我国太阳能光伏产业现状及发展

"中国光伏产业之父"杨怀进是国内最早看到太阳能产业发展前景的有识之士。2000年他成功融资成立了无锡尚德太阳能电力有限公司;2004年成立了南京中电光伏科技有限公司并任其董事。他与现任无锡尚德公司董事长施正荣及南京中电电气公司总经理赵建华博士(赵博士与夫人王爱华博士共同研究发展的转换效率高达24.7%的PERL太阳能电池至今仍然保持着光电转换率的世界纪录)一起以实际行动推动了中国光伏产业的发展。由此对太阳能电池的研究开发工作一开始便受到国家重视。早在"七五"计划期间,非晶硅半导体的研究工作已经列入国家重大课题;"八五"计划和"九五"计划期间,我国把研究开发的重点放在大面积太阳能电池等方面。2007年6月,国务院审议通过了《可再生能源中长期发展规划》,明确太阳能发电是可再生能源发展的重要组成部分,当前和今后一段时间要加快开发利用。按照国家规划,到2010年中国光伏发电的累计装机将达到350 MW,到2020年将达到1.8 GW,到2050年将达到600 GW。按照中国电力科学院的预测,到2050年,中国可再生能源的电力装机将占全国电力装机的25%,其中光伏发电装机将占到5%,见表9.3。

表 9.3　中国光伏发电发展规划

项　　目	2004 年	2010 年	2020 年	2030 年	2050 年
装机(GW)	0.065	0.35	1.8	30	600
年发电量(TW·h)	0.078	0.42	2.16	42	900

2002 年,国家有关部委启动了"西部省区无电乡通电计划",通过太阳能和小型风力发电解决西部 7 省区无电乡的用电问题。这一项目的启动大大刺激了太阳能发电产业,国内建起了几条太阳能电池的封装线,使太阳能电池的年生产量迅速增加。截止到 2009 年国内太阳能电池产量已达到 4382 MW。表 9.4 列出了 2008 年国内(大陆)晶体硅太阳能电池生产情况。目前国内太阳能硅生产企业主要有洛阳单晶硅厂、河北宁晋单晶硅基地和四川峨眉半导体材料厂等厂商,其中河北宁晋单晶硅基地是世界最大的太阳能单晶硅生产基地,占世界太阳能单晶硅市场份额的 25% 左右。

表 9.4　2008 年国内(大陆)晶体硅太阳能电池生产情况

序　号	厂　　家	产量(MW)
1	无锡尚德	497
2	河北天威英利	281.5
3	河北晶奥	277
4	常州天合光能	209
5	江苏林洋新能源	189
6	南京中电电气	110.92
7	常熟阿特斯光伏电子	108
8	常州亿晶光电	99.665
9	宁波太阳能	97
10	江阴俊鑫科技	65.32

在太阳电池材料下游市场,目前国内生产太阳电池的企业主要有无锡尚德、南京中电电气集团光伏产业链、保定天威英利新能源等公司。南京中电电气集团光伏产业链共有 5 家光伏工厂,建立了从硅料、硅片、太阳能电池、太阳能组件、太阳能光伏发电系统在内的国内最完整的产业链。拥有 10 条太阳电池生产线,年生产能力为 320 MW,位居世界前列。2007 年中电电气(南京)光伏有限公司在纳斯达克上市。

在光伏工程系统建设方面,我国相关部门也陆续提出建设计划。2009 年 3 月财政部、住房和城乡建设部联合发布《关于加快推进太阳能光电建筑应用的实施意见》与《太阳能光电建设应用财政补助资金管理办法暂行办法》,对符合条件的太阳能光电建筑应用示范项目给予 20 元/W 的补贴,中国没有光伏应用"屋顶计划"或将成为历史。在深圳已建成的 1 MW 并网太阳能光伏电站示范工程位于"园博园"内,是目前全亚洲第一大并网光伏电站,年发电能力约为 100 万 kW·h,该电站总容量 1000.322 kW。河北保定电谷大厦(现称电谷锦江国际酒店)太阳能光伏玻璃幕墙是世界上第一个应用太阳能光伏玻璃双层幕墙的五星级酒店。建成后整体并网安装容量 300 kW。2011 年 1 月 2 日全球最大的光伏单体建筑发电系统——杭州铁路东站枢纽 10 MW 屋顶并网光伏电站项目已投入建设。敦煌 8 MW 光伏电站是全国第一个特许权招标示范项目于 2010 年 4 月 19 日通过临时线路并网发电，8 月 28 日全部建完，正式电网线路于 2010 年 12 月 27 日正式建成。

2010 年上海世博会在绿色技术上是一次巨大的突破，尤其是诸多太阳能技术科技创新的最新产品和技术成果的应用，为建筑利用太阳能技术的推广起到了很好的示范作用。上海世博会主题馆安装太阳能电池板 26000 M^2，共敷设多晶硅光伏组件 16250 块。其中 3728 块为异型光伏组件，采用并网发电运行方式，将太阳能发电传回城市电网。该馆总装机容量 2825 kW·h，年平均发电量 250 万 kW·h，中国馆屋顶采用单晶硅太阳能组件，屋顶总共安装太阳能电池板 2800 M^2，单晶硅光伏组件 1616 块，装机容量 302 kW，年平均发电量 30 万 kW·h。

总体而言，从产业应用方式上来看，我国太阳能光伏发电尚处于起步阶段。各产业链从产业发展阶段看，多晶硅原材料生产和光伏应用仍处于初创期，太阳能电池生产处于成长期。主要存在以下问题：

（1）行业标准体系亟须建立。应构建技术创新体系，制定产业技术发展路线图，建立相关行业标准体系，使得行业的发展更加完善。

（2）太阳能利用基础理论主要是光伏物理学科还比较薄弱。

（3）太阳能领域研发和技术人才匮乏，大部分公民对太阳能利用的意识不高。

（4）企业总体规模偏小、世界工厂角色意识较浓，基础材料和关键设备还要依赖进口。

（5）国家相关管理措施、扶持政策和长远发展计划还不到位。

（6）企业自主创新能力低、诚实守信观念不强，行业规范和监督缺乏。

2010 年 3 月 16—18 日太阳能电池展会"SOLARCONChina2010"及其并设会议"第 6 届 CSPV(China SoG Siliconand PVPower Conference)"在上海新国际博览中心(SNIEC)举行。从此次展会可以一窥我国太阳能光伏的发展趋势。在生产方面，多家设备厂商在展会及并设会议上发布了可增大多结晶 Si 铸锭炉容量的技术。发布的装置可将原为 500 kg 的容量提高到 800 kg。在生产上的努力，再加上政府对产业有序增长的支持，Si 结晶的产量今后还有望继续扩大。薄膜太阳能电池的发展也在稳步推进。中国对薄膜 Si 及 CIGS 等薄膜太阳能电池的发展，也可以说同样积极。展会上少数几家企业展出了薄膜 Si 型太阳能电池面板。虽然薄膜 Si 型的制造成本总体比结晶型低 10% 左右，但因目前转换效率较低，还不足以对抗结晶型的竞争力。虽然 CIGS 型与薄膜 Si 型相比有望实现高转换效率和低制造成本，但却公认存在稳定性方面的问题，目前仍在继续研发。

9.3 我国太阳能光伏发展对策

为了应对能源、环境问题以及金融危机，我国政府加大了对于可再生清洁能源特别是太阳能发电的重视程度。2009 年胡锦涛等中央领导人参加的科博会"中国工业节能减排科技创新大会"上，发出了"促进节能减排，积极开发新能源"宣言。虽然有国家大力扶助和支持，但太阳能光伏从长远发展来看所要走的路还很长。除了借鉴国外成功优秀的经验外，还应该从我国的实际国情、地域差异等诸多因素出发。但有以下几方面则是必须要考虑的：

1. 制订太阳能技术发展和应用的中长期总体规划

把先进的技术广泛应用到具有丰富的太阳能资源的地区。并根据不同地区的发展定位,制订一个适合不同地区太阳能源技术发展和应用的中长期总体规划。目前中国已计划在23年内,利用财政补贴建设500 MW电厂。除了敦煌项目外,西藏阿里的10 MW项目也已列入发展规划中。

2. 把太阳能光伏技术作为高技术产业来发展

在世界光伏产业将进入新一轮的规模增长阶段,政府应该更加积极引导太阳能光伏产业发展,抓住时机,大有作为。自中央政府明确态度后,各地方政府也随即颁布了地方政策。太阳能发电相关企业集中的江苏省、上海市、浙江省、江西省、四川省和太阳能资源丰富的青海省出台了更多的相关政策。其中,江苏省和青海省的政策最为有力。江苏省预定首先推动产业规模扩大计划,建立多个旨在扩大应用的项目。并且发布了实施地方首个上网电价政策的决定。

3. 建立以太阳能光伏电池为背景的开放式产学研联盟

当前太阳能光伏产业一个重要瓶颈是多晶硅材料严重短缺问题。采用物理提纯技术是最佳解决方案。日本已首先开发成功该技术并已经投入规模化生产,而我国目前还没有使用此项技术用于大规模生产的报道。另外,光伏发电最关键的转换效率低和发电成本高的问题还没有得到彻底的解决。因此成立一个以发展光伏太阳能电池为背景的产学研联盟势在必行。2009年1月5日,国家发改委正式批复,同意建设中硅高科多晶硅制备技术国家工程实验室。该实验室的目的是研究中国的多晶硅制造工程课题——大规模且节能的高品质多晶硅制造技术。中硅高科已经与中国国内实力强大的多晶硅厂商合作建立了6个实验室和1个测定分析中心。南昌大学与LDK也于2009年2月14日成立了太阳能研究中心。位于无锡的国家太阳能光伏产品质量监督检验中心于2009年5月18日与中山大学签署了战略合作协议。按照预定,双方将建设"检学研"(检查机构·大学·研究机构)基地。为中国太阳能发电产业的发展提供强大的推动力。

4. 制定政策,大力推广应用太阳能光伏技术

为了推广应用太阳能源,需要提高全社会的认识。政府机构和事业单位要率先使用太阳能源,并建设公用建筑物太阳能源利用示范工程;鼓励大型企业和个人积极投入太阳能源的利用、技术开发、设备制造和生产。目前除了中国财政部等出台的太阳能屋顶计划外,还推出了"金太阳工程"。"金太阳工程"将为500 MW规模项目提供支持。而且,除太阳能屋顶计划和"金太阳工程"外,"新兴能源产业发展规划"也将出台。这项规划中加入了扩大风力发电规模、加快国内太阳能发电普及速度的内容。

此外加快太阳能光伏发电产业化配套系统工程的建设和立足西部地区,发挥资源优势,转化产业优势也必将推动我国太阳能产业的发展。

加快太阳能等可再生能源产业化是我国推进节能减排发展战略的重要途径。在其产业化过程中,需要我们全社会的力量予以关注和支持。只要国家高度重视,各方面力量积极参与,光伏发电产业化的进程就会缩短,不管多大困难都会化解,太阳能光伏发电事业完全有希望出现超常规发展的辉煌。

9.4 核电站与核能

1) 核能

核能就是指原子能,即原子核结构发生变化时释放出的能量,包括重核裂变或轻核聚变释放的能量。1938 年,德国化学家哈恩首次揭示了核裂变反应,他通过研究发现,铀-235在中子的轰击下分裂成 2 个原子核,同时放出 3 个中子,其过程伴随着能量的放出,这个过程就是裂变反应,放出的能量就是核能。核能物质所具有的原子能比化学能大几百万倍以至上千万倍。

能量密度大和反应速度快是核能的两大特点。首先,是核能的能量密度大。从下面核能与化学能的比较我们可以很清楚地看到它们之间的差距。

裂变 1 kg 铀-235 放出热量　　　　19600000000 k·cal
燃烧 1 kg 标准煤放出热量　　　　　7000 k·cal
燃烧 1 L 重油放出热量　　　　　　 9900 k·cal
燃烧 1 m^3 天然气放出热量　　　　9800 k·cal

同一质量下,核能比化学能大几百万倍。从上述数据中,可以看到,1 kg 铀-235 放出的热量相当于燃烧约 2700 t 标准煤。

其次是核能反应速度快,从原子弹的爆炸就可以了解核能的反应速度,我们都知道原子弹爆炸会产生蘑菇云,因为核能在瞬间产生的巨大能量,急剧压缩其周围的空气形成压差,导致强烈气流流动形成的。

2) 电离辐射与核辐射

希弗是辐射剂量的单位 1 希弗表明每千克组织中沉积了 1 焦耳的能量。

1 希弗=1000 希弗;1 毫希弗=1000 微希弗。

全世界平均的天然本底辐射约为 2400 微希弗/年。1000 微希弗/小时意味着在这样的环境中停留 1 小时所吸收的辐射剂量约为 1 毫希弗。在这样的剂量环境下,短时间停留不会对机体造成明显损伤。

自然界本身就存在多种辐射,我们把它叫做天然辐射。来自天然辐射的个人年有效剂量全球平均 2.4 毫希弗。其中,来自宇宙射线的为 0.4 毫希弗,来自地面 γ 射线的为 0.5 毫希弗,吸入(主要是室内氡)产生的为 1.2 毫希弗,食入(主要是食品和水)的为 0.3 毫希弗。可以看出氡是天然辐射的最主要来源。

1. 核辐射

核辐射主要通过体外和体内照射伤害人体,由放射源或辐射发生装置(如粒子加速器)释出的贯穿辐射有体外作用于人体称为外照射。放射性物质经有空气吸入、食品或饮水食入,或经皮肤、伤口吸收并沉积在体内,对周围组织或器官造成照射称为内照射。这两种途径都会对人体带来危害,危害程度取决于受到的辐射剂量。

核辐射是指原子核在其衰变过程中或在不稳定状态下释放出的能量。在核电站,核辐射和核反应是一对孪生兄弟,微量的放射性不会影响人类健康,但过量的核辐射照射对人体是有害的,可致病,严重时还可导致死亡。

辐射对人体的作用,是一个非常复杂的过程。它通过直接的或间接的电离作用,使人体组织的分子发生电离或者激发,会使人体的水分子产生多种自由基和活化分子,严重的会导致细胞或机体损伤甚至死亡。

2. 电离辐射

当然,电离辐射对人体的作用过程是"可逆转的",人体自身具有修复功能,这种修复能力的大小与个体素质的差异有关,与原始损伤程度有关,所以,一定要控制人所受剂量的大小。

(1) 电离辐射有外照射与内照射

① 外照射

对 X 射线、γ 射线,吸收剂量在 0.25 戈瑞以下时,人体一般不会有明显效应;但是,剂量再增加,就可能出现损伤。当达到几个戈瑞时,就可能使部分人死亡。接受同样数量的"吸收剂量",受照射时间越短,损伤越大;反之,则轻。吸收同样数量剂量,分几次照射比一次照射损伤要轻。γ 射线穿透能力强,人体局部受它照射,吸收 2—3 戈瑞剂量时不会出现全身症状,即使有人出现也很轻微。但是,全身照射就可能会引起放射病。不同组织和器官对电离辐射敏感性也不同。

② 内照射

不同放射性核素进入人体内,沉积在不同的器官,叫做内照射,对人体产生不同程度的影响。例如,镭和钚都是亲骨性核素,但镭大多沉积在骨的无机质中,而钚主要沉积在骨小梁中,会照射骨髓细胞而出现很强的辐射毒性。

内照射主要是 α 粒子和 β 粒子。α 粒子能量大,对人体细胞损伤较为严重。

(2) 电离辐射的防护

① 外照射防护。X 射线、射线和中子等在人体外对人照射时,其防护措施有:① 保持距离,距放射源愈远,人体吸收剂量就愈少。② 减少受照射时间。③ 用屏蔽物质防护。射线通过与物质接触,能量被减弱,所以,在放射源与人体之间加屏蔽物就能起到防护作用。铅的屏蔽作用最好,水、铁、水泥、砖、石头、铅玻璃也常用。

② 内辐射防护。戴口罩防止经呼吸道吸入 α 粒子和 β 粒子。食物、水被怀疑受到污染时,应当检测,不合要求不饮用。穿戴工作服防止皮肤吸收,尤其要注意防止通过伤口进入人体内。

3) 核电站

所谓核电站就是利用一座或若干座核动力堆产生的热能来发电或发电兼供热的动力设施,核电站根据其使用的慢化剂可以分为三类,即轻水堆核电站、重水堆核电站和石墨堆核电站。

技术成熟的压水堆型为我国核电站的主力堆型。压水堆核电站主要有核岛(回路系统)和核常规岛(二回路系统)组成。一回路由蒸汽发生器、稳压器、主泵和堆芯构成,整个一回路就像一个高压锅,水中高压下达到 300 度的高温,仍保持着液态形式,它在主泵的带动下不停地循环,带走堆芯产生的热量。二回路系统主要由汽轮机、发电机、凝汽器和给水泵构成,其形式与常规火电厂类似。

发电的整个过程是这样的:一回路水在堆芯吸收热量温度升高,经过关键设备蒸汽发生器,把热量传给二回路的水,使它变成蒸汽,蒸汽通过管道推动汽轮机旋转,带动发电机产生电流,做过功的蒸汽在冷凝器中冷却为水,经过水泵回到蒸汽发生器继续循环,经过蒸汽发生器的一回路水温度降低,在主泵的带动下,回到堆芯继续吸收堆芯热量。这就是一个简单的循环过程,实际工作中要有各种保障设施设备,使核电站的运行既安全又经济。核电站有三道防护屏障,通常情况下,核裂变会产生许多放射性物质,包括裂变碎片和它们的衰变产物,以及射线和中子线等,因而有很强的放射性。为此,核电站在设计上采用了多重防护屏障体系,不让放射性物质泄漏出来。压水堆核电站设计有三道屏障,即燃料元件包壳、压力容器及整个一回路和安全壳。

第一道屏障:核燃料元件包壳。反应堆燃料元件密封在包壳中,包壳材料具有耐高温、耐高压、耐辐射、抗辐蚀等优良的物理化学性能,破损率非常低,这些核燃料元件芯块装在皓合金做成的套管中,抽去空气,充入氦气,严格密封,形成燃料棒,最后把这些燃料棒按照一定规则排列,按精确的间距做成燃料组件。

第二道屏障:压力容器及整个一回路,压力容器是反应堆的心脏,就像锅炉的燃烧室,这是精心加工制造的关键部件。例如 100 万 kW 压水堆电站的压力容器,内径达 4—5 m,高度达 13 m,重量达 400—500 t,是用 20 cm 厚的高级合金钢精加工制成的,它的强度大、塑性、韧性好,耐高温、耐高压、耐辐照、抗震、抗腐蚀,保证没有裂缝和泄漏。压力容器、蒸发器、主泵、稳压器和连接管道就构成了一个回路,一个 100 万 kW 的核电机组配有三个这样的回路。

第三道屏障:安全壳。安全壳是双层结构的庞然大物,100 万 kW 压水堆核电站的安全壳直径达 30—40 m,高度达 60—70 m,外壁为 1 m 厚的预应力钢筋混凝土,内壁为 6 mm 厚的钢板,能耐约 5 个大气压的压力,能承受地震、飓风、龙卷风和飞行物的撞击,安全壳还要定期进行检漏试验,安全壳的双壁间可容纳从反应堆大厅跑出的气体,因为它保持负压,要向外泄露气体是不容易的。同时,安全壳里设有空气净化、喷淋水和消除氢气等系统,具有气体过滤、降温、捕集放射性核素和防止氢气爆炸等作用,能够阻止放射型核素向外界释放和减少对环境的辐射影响。

核能是目前已经成熟的,可实现大规模工业生产的能源,目前世界上有 439 座核电机组在运行,总装机容量达到 3.6 亿 kW,核发电量占世界总发电量的 16%。

核电站主要是通过先进的工艺流程和技术设备,严格的安全管理、多重防护屏障及规范性的操作来实现核安全的。

核电站一般采取五项安全措施:① 建立并推行全范围、全过程的质量保证体系、确保设计、施工、调试运行的质量和安全。② 贯彻纵深防御,多重保护,多样性的设计原则,确保核安全。③ 实行依法治厂,严格管理,以及国际、国家和地方相关组织部门的严格监督。④ 高标准要求的"三废"处理和管理体制。⑤ 反应堆具有较强的安全防护特性。

核电站给人们带来的放射性影响是很小的。核电站所在周边地区居民的天然放射性本底是 2.4 毫希/年。而一座百万千瓦核电站正常情况下多周围的影响为 0.048 毫希/年,与每天抽一支香烟的辐照剂量相当,远远小于本底。

以核电站为圆心,半径 3—5 km 的划定区域为烟羽应急计划区内区。同样,根据地形特点和主导风向的实际,考虑到实施应急预防措施的需要,局部地区有调整。因此,实际划定的烟羽应急计划区内区范围不完全是圆,局部地区距核电站约 5 km。

在烟羽应急计划区内可能实施的主要应急防护措施有:隐蔽、撤离、服用稳定碘、食物和饮水控制等。如烟羽应急计划区内的内区以外的划定区域就是烟羽应急计划区,也就是以核电站为圆心,半径为 5—10 km 的环形区域。

在烟羽应急计划区外区可能实施的主要应急防护措施有:隐蔽、服用稳定碘、食物和饮水控制等。

食入应急计划区,顾名思义,就是在该区域范围内,因为核事故的影响,需要对食物和饮水等进行必要的监测和控制,以保证公众安全。核电站食入应急计划区的具体区域范围,是以核电站为圆心,半径为 30—50 km 的区域。

一旦出现核电站辐射泄漏事故,最重要的是要保持镇定,千万不要惊慌。要尽量获取来源可靠的事件信息,及时了解政府部门的决定、通知。为此,应通过各种手段(电视、广播、电话等)保持与当地政府的信息沟通,切记不可轻信谣言或小道消息。第二件事上按照当地政府的通知,迅速采取必要的自我防护措施。如:① 选用就近的建筑物进行隐蔽,减少直接的外照射和污染空气的吸入,关闭门窗和通风设备(包括空调、风扇等)。当污染空气通过后,迅速打开门窗和通风装置。② 根据当地政府的安排,有组织,有秩序地撤离现场,避免无秩序撤离可能带来的严重负面作用。③ 当得知此类事件发生时,应尽量避免处在辐射烟云的下风向区域,并迅速进入建筑物内隐蔽。④ 采用口罩、湿毛巾、布块等材料捂住口鼻,进行呼吸道防护。⑤ 若怀疑身体表面有放射性污染,可用更换受污染和洗澡的方式来减少体表污染。⑥ 听从当地主管部门的安排,决定是否食用当地的食品和饮用水。

4)日本福岛核电站事故

核事故是指核设施或者核活动中发生的严重偏离运行工况的状态。在这种状态下,若有关的专设安全设施不能按设计要求发挥作用,则放射性物质的释放可能会达到不可接受的水平。

这次地震为什么造成了福岛核电站事故?福岛第一核电站共有 6 座沸水反应堆机组。地震发生后,反应堆机组冷却系统供电中断,水循环不能完成,核反应堆中的热量带不出去,热量的聚集导致容器中更多的液态水变成蒸汽,容器内气压变大,对容器外壳形成威胁。为了降低容器内的气压,电站工作人员选择把蒸汽排出核反应堆,但是容器内的高温使得水蒸气与皓合金反应产生氢气,与厂房里的氧气混合发生了爆炸,造成了放射性物质泄漏。据报道,福岛第一核电站事故已经发生了核泄漏,即核反应堆堆放放射性物质外泄,这是由于氢气燃烧发生了化学爆炸造成的,而不是核爆炸。此次事故已造成一定程度的放射性污染,并使部分人员受到辐射照射,事故尚未得到有效控制,还不能确切估计最终的危害程度。

日本福岛第一核电站核泄漏事故于 2011 年 3 月 11 日发生,日本福岛第一核电站的核泄漏等级定为 7 级。这意味着,福岛第一核电站的核泄漏规模达到了与切尔诺贝利核电站同样的等级,属于最高级。

此次事故释放的放射性物质包括核燃料、裂变产物和活化产物。主要是碘、铯等放射性核元素。普通人在受到放射性烟云照射或食用受辐射污染的食物饮料后,会受到较低的剂量照射。而现场救援人员和工作人员可能会由于其职业活动遭受体表或体内的放射性沾染,进而导致较大的剂量照射,放射性物质对人的危害主要取决于所受照射剂量大小,从体外接受的照射叫做外照射,放射性物质通过饮食、呼吸或伤口进入体内,则产生内照射。无论是外照射还是内照射,放射性物质通过发出的射线照射人体,损伤细胞,从而造成两类伤害:一类叫做确定性效应,如各种类型的放射病、脱发、呕吐、生育障碍等。这类效应要受到较高的剂量下才会发生。另一类叫做随机性效应,如发生各种癌症、遗传疾病等,这类效应没有剂量下限,但发生的时间至少要在受照数年或者更长时间以后,其发生的可能性与受到的照射剂量成正比。

核事故控制区的确定,是根据事故状况,经过科学计算,确保控制区外公众的受照剂量限制。此次福岛核电站事故发生后,日本政府开始设立的控制区是 3 km,随着事态发展,先后扩展到 10、20、30 km 等,就是根据核电站泄漏的放射性物质的量和辐射水平,并留有余地而设定的。

习 题

(1) 概述全球和我国光伏产业的发展情况。

(2) 应对新的光伏市场,光伏产品需要做哪些调整?

课题 10 工程案例

10.1 案例1 30 kW 光伏并网系统设计

10.1.1 案例简介

项目地点位于蚌埠市,北纬 32°43′,东经 116°45′。

根据当地气象资料,安装地区年日照时数约 2340.9 h。全年的平均峰值日照时间约为 4.04 h,考虑到实际工作中的各种损耗,实际太阳能可利用时间折算成平均峰值日照时间为 3.5 h。全年日照比较充足,适合安装太阳能发电系统。

10.1.2 设计依据和标准

本项目设计方案中的光伏部分主要涉及或参照以下标准和相关公司标准。

(1) GB/T19939-2005 光伏系统并网技术要求。
(2) GB/T12325-2003 电能质量 供电电压允许偏差。
(3) GB/T14549-1993 电能质量 公用电网谐波。
(4) GB/T15543-1995 电能质量 三相电压允许不平衡度。
(5) GB/T15945-1995 电能质量 电力系统频率允许偏差。
(6) GB2297-1989 太阳光伏能源系统术语。
(7) GB6497-1986 地面用太阳能电池标定的一般规定。
(8) GB6495-86 地面用太阳能电池电性能测试方法。
(9) IEEE 1262-1995 光伏组件的测试认证规范。
(10) GB/T 14007-92 陆地用太阳能电池组件总规范。
(11) GB/T 14009-92 太阳能电池组件参数测量方法。
(12) GB 9535 陆地用太阳能电池组件环境试验方法。
(13) GB/T6495.1-1996 光伏器件第1部分:光伏电流-电压特性的测量。
(14) GB/T6495.3-1996 光伏器件第3部分:光伏器件的测量原理及标准光谱辐照度数据。
(15) GB/T6495.4-1996 晶体硅光伏器件的 I-U 实测特性的温度和辐照度修正方法。

(16) SJ/T11127-1997　光伏(PV)发电系统过电压保护导则。
(17) GB/T9535-1998　地面用晶体硅光伏组件设计鉴定和定型。
(18) GB/T18210-2000　晶体硅光伏(PV)方阵 I-U 特性的现场测量。
(19) GB/T18479-2001　地面用光伏(PV)发电系统概述和导则。
(20) GB/T19064-2003　家用太阳能光伏电源系统技术条件和试验方法。
(21) GB/T61727:1995　光伏(PV)系统电网接口特性。
(22) GB/T4942.2-1993　低压电器外壳防护等级。
(23) GB/T3859-1993　半导体变流器应用导则。
(24) GB/T14598.9　辐射电磁场干扰试验。
(25) GB/T14598.14　静电放电试验。
(26) GB/T17626.8　工频磁场抗扰度试验。
(27) GB/T14598.3-93　6.0绝缘试验。
(28) JB-T7064-1993　半导体逆变器通用技术条件。
(29) B/T60904-10　光伏器件线性特性测量方法。
(30) Q/3201GYDY01-2002　逆变电源。
(31) Q/3201GYDY02-2002　太阳能电源控制器。

10.1.3　项目总体设计方案

1. 电气设计方案

根据业主方提供的图纸,综合业主需求以及周边环境,本项目设计室外安装面积约 470 m² (以防护网为界)。

根据原始图纸和现场勘察,最大限度的利用场地面积,同时又不破坏项目整体外观,兼顾建筑阴影对电池板方阵的影响,初步设计太阳能系统安装总量为 30.24 kW。

整个发电系统采用 8 块组件串联为一单元,一共 21 支路并联的方式,光伏电池组件共 168 块,输入 4 个汇流箱,其中的 3 个汇流箱每个接 5 路输入,另一个汇流箱接 6 路输入。经汇流后电缆经过电缆沟进入主控室直流配电柜,通过直流配电柜接入 30 kW 并网逆变器,最后由并网逆变器经交流配电柜至 380 V 低压电网。系统接入电网参数如表 10.1,电气连接示意图如图 10.1 所示,太阳能电池组件分布图如图 10.2 所示。

系统可采用监控系统,显示当前发电功率、日发电量、月发电量累计、年发电量累计、总发电量累计、累计 CO_2 减排等,实现全天候监控。

表 10.1　系统接入电网参数

序　号	项　　目	内　　容
1	配电系统方式	TN-S 母线(独立的 N 线和 PE 线)
2	系统电压	AC0.38 kV
3	额定频率	50 Hz
4	系统接地方式	中性点直接接地

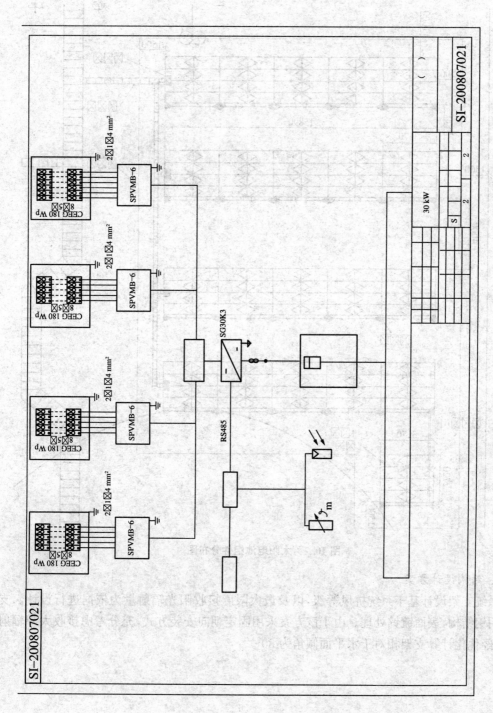

图 10.1 某光伏并网发电系统示意图

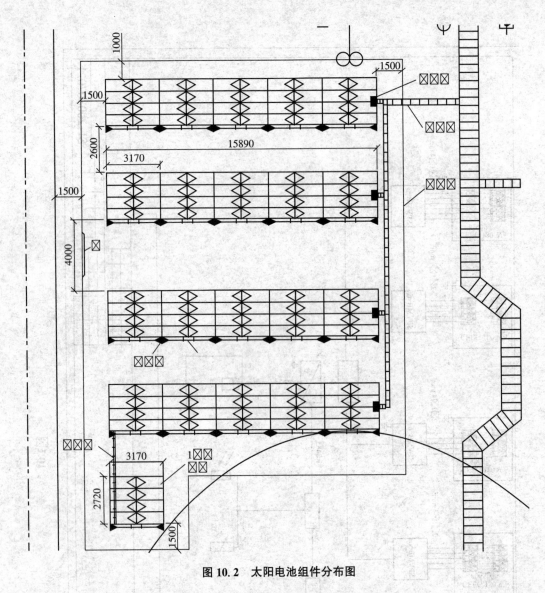

图 10.2 太阳电池组件分布图

2. 结构设计方案

系统支架设计基于系统抗风等级,以及最大限度接收阳光辐射量为依据进行设计。支架采用钢结构,表面镀锌处理。由于该方案采用固定朝向安装方式,充分考虑接收太阳辐射能量,经优化计算支架相对于水平面倾角为30°。

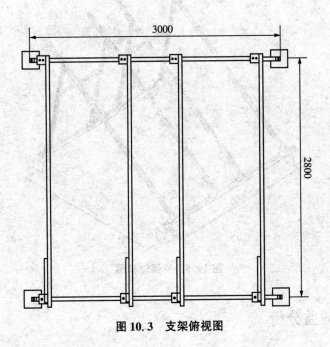

图 10.3 支架俯视图

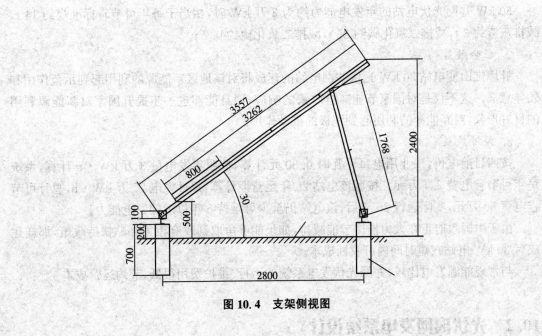

图 10.4 支架侧视图

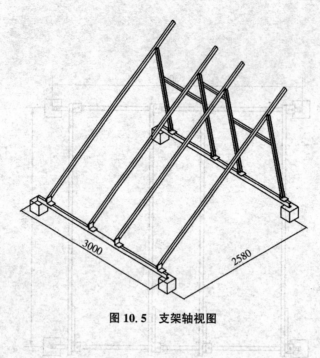

图 10.5　支架轴视图

10.1.4　系统效益分析

1. 环保效益

30 kW 并网光伏电站的年发电能力约为 3 万 kW 时,相当于每年可节省标准煤约 14 t,减排灰渣约 3 t,减排二氧化碳约 25 t,减排二氧化硫约 0.2 t。

2. 社会效益

蚌埠锥山变电站 30 kW 光伏并网电站的建成将对该地区新能源的利用起到示范作用和领导意义。这不仅是对国家节能减排政策的响应,而且能够进一步提升国家对新能源利用的良好形象,对新能源的利用起到积极的推动作用。

3. 经济效益

按照目前电价,工业用电每千瓦时 0.80 元计算,按照年发电量 3 万 kW·h 计算,系统每年可节省电费 2.4 万元。按照该电站 25 年运营期计算,累计发电 75 万 kW·h,总计可节省电费 60 万元,实际运行 25 年后,该电站仍至少可维持 5 年以上的发电能力。

由于中国政府正在大力推广节能减排,如果能够争取到政府相关补贴扶持政策,那样建成后 30 kW 电站在短时间内可收回成本。

与常规能源发电比较,并网光伏发电系统的运行、维护费用很低,节约运营成本。

10.2　光伏离网发电系统设计

10.2.1　引言

对于光伏离网独立系统,设计所要遵循的一条最基本的原则就是要充分地满足平均天气条件下负载每日的用电需要。在此基础上尽量减少太阳电池方阵和蓄电池的容量,以达到可靠性和经济性的最佳结合。

光伏系统容量设计的基本思路:

(1) 搜集负载的相关信息

要确定负载的类型、功率、用电时间等数据。主要内容有确定负载用单相电还是三相电,直流还是交流电,以便选择逆变器、配电线路等;确定负载是感性还是阻性,了解功率因数等以便确定逆变器的容量;确定负载的总功率,用电时间等以便确定负载的总耗电量。

(2) 系统容量的计算

系统容量的计算主要涉及以下几个内容:根据负载情况计算出平均每天的负载耗电量;考虑到系统损耗、效率、设备选型等情况确定系统电压;确定各种损失修正系数和系统余量;通过公式计算系统配置、太阳电池组件容量、蓄电池容量等。其中各种损失修正系数和系统容量要结合各地具体情况和需求而定,应给予重视,预留小系统不可靠,预留大则增加成本造成浪费。

10.2.2 太阳电池组件容量的计算

太阳电池组件容量的计算就是根据统计的负载平均每天的耗电量(安时或瓦时),结合当地的太阳辐射数据(如峰值日照时数、年辐射总量等)和其他因素参数计算得出。

通常,太阳能光伏方阵的总功率 P 可由计算公式(10-1)所得。

$$P = N_s N_p P_{max} \tag{10-1}$$

式中,N_s 表示系统中电池组件串联个数,N_p 表示系统中电池组件的并联个数,P_{max} 表示所选用电池组件产品单个组件的最大峰值功率(W_p)。

实际工程中通过电池组件一定串联、并联连接组合成太阳能阵列,所以要通过计算来确定具体的串联和并联的个数。光伏组件的串联数 N_s 可以通过式(10-2)获得。

$$N_s = \frac{1.43 \times U}{U_{mp}} \tag{10-2}$$

式中,U 表示系统的工作电压,乘以系数 1.43 表示整个电池方阵输出的峰值电压的近似值。系数 1.43 是太阳电池组件峰值工作电压与系统工作电压的比值,为方便计算用系统工作电压乘上系数即为电池组件或阵列的峰值电压的近似值。U_{mp} 表示单个电池组件的最大工作电压。光伏组件的并联数 N_p 可以通过式(10-3)获得。

$$N_p = \frac{Q_L}{I_{mp} H_p \eta} \tag{10-3}$$

式中,Q_L 表示负载的日平均耗电量(单位:A·h),I_{mp} 表示单个电池组件的最大工作电流,H_p 表示当地的太阳辐照峰值日照时间,η 表示系统的各种损耗与不利因素的折算值。需要指出,光伏系统最后供给负载的能量经过整个系统(蓄电池、逆变器、输电线路等)的运转,会略小于太阳光伏阵列直接转换光能输出的能量。同时,随着时间及周围环境的变化,光伏阵列的转换效率也是有一定变化的,η 是一个多因素综合作用的结果。η 基本上可以由(10-4)式获得。

$$\eta = \eta_1 \eta_2 \eta_3 \eta_4 \eta_5 \tag{10-4}$$

式中，η_1——蓄电池的充电效率，参考取值 0.8—0.9；

η_2——逆变器的转换效率，参考取值 0.8—0.9；

η_3——太阳能电池方阵的损失系数，参考取值 0.95—0.98；

η_4——温度补偿系数，参考取值 0.9—0.98；

η_5——其他影响因素，如配电损失等，参考取值 0.95—0.98。

可以看出，光伏系统中损耗较大的是蓄电池和逆变器这两块，在实际计算中各参数的取值要根据实际情况来选择和调整，确定合理的 η 值。

10.2.3 蓄电池容量的计算

光伏系统中蓄电池的功能是存储光伏电池方阵的输出电能并可随时向负载供电。蓄电池的设计思想就是保证在太阳光照连续低于平均值的情况下负载仍可以正常工作。目前与光伏发电系统配套使用的蓄电池主要是铅酸蓄电池，特别是阀控式密封铅酸蓄电池，室外易选用阀控式密封型蓄电池。蓄电池的容量对保证连续供电是很重要。在 1 年内，电池方阵发电量各月份有很大差别。方阵的发电量在不能满足用电需要的月份，要靠蓄电池的电能给以补足；在超过用电需要的月份，是靠蓄电池将多余的电能储存起来。所以方阵发电量的不足和过剩值，是确定蓄电池容量的依据之一。同样，连续阴雨天期间的负载用电也必须从蓄电池取得。所以，这期间的耗电量也是确定蓄电池容量的因素之一。通常，电池容量 C（单位：$A \cdot h$）可以通过式（10-5）计算得到。

$$C = \frac{Q_L A D_t T_0}{DOD} \quad (10-5)$$

式中，A——系统安全系数，参考取值 1.1—1.4；

D_t——蓄电池的连续维持天数（连续阴雨天数）；

T_0——温度修正系数，一般 0℃以上取值 1，-10—0℃取值 1.1，-10℃以下取值 1.2；

DOD——蓄电池的放电深度，取值范围 0.50—0.80。

10.2.4 以峰值日照时数为依据的计算方法

太阳辐射峰值日照时数由于太阳辐射分布的不均匀、不稳定，从时间分布来看，每天、月平均值、年平均值都会有所差别。因此在选择峰值日照时数时建议采用当地每月的平均峰值日照时数为依据，计算发电量以月为单位累加。这是因为每天的天气变化比较频繁，统计的工作量大，意义不大；如果过一年平均来统计，时间跨度太长，难以反映太阳辐射在短期内的变化，比如季节变化带来的影响，采用这种方法统计得出的数值会有比较大的偏差，计算时要选取适当的修正系数来修正。按月平均统计的话，要选择平均值最小的月份，在辐照量最小的情况下满足负载的用点要求。在这种情况下，太阳能电池组件的总功率 P 可以有（10-6）式计算而得。

$$P = \frac{P_L t \eta}{H_p} \quad (10-6)$$

式中，P_L——负载的用电功率（单位：W）；

t——负载每日用电时间(单位:h);

η——系统的损耗修正系数,参考取值 1.6—2.0。

蓄电池的容量 $c(A \cdot h)$ 可以由式(10-7)获得。

$$c = \frac{P_L t A D_t}{U} \tag{10-7}$$

式中,A——系统的安全系数,参考取值 1.6—2.0;

D_t——蓄电池的连续可维持天数(连续阴雨天数);

U——蓄电池或蓄电池组的工作电压。

10.2.5 案例

在南京地区安装一套太阳能庭院灯,使用两只 9 W/12 V 的节能灯做光源,每日工作 5 h,要求能连续 3 个阴雨天工作。计算太阳电池的总功率和蓄电池容量。

思路:搜集本地区的太阳辐照峰值日照时数的资料,设定系统的损耗修正系数。

计算:根据气象台近 10 年对南京地区的观测结果,南京地区的峰值日照时数(h)(取平均值)如下表 10.2 所示。可以看出,南京地区近 10 年 1 月份的峰值日照时数最小,为 2.61 h。设定系统的损耗修正系数为 1.7,安全系数为 1.8。

表 10.2 近 10 年南京地区太阳峰值日照时数的月度平均值(h)

1月	2月	3月	4月	5月	6月	7月	8月	9月	10月	11月	12月	全年
2.61	3.01	3.60	4.74	5.28	5.09	5.03	5.11	3.82	3.45	3.04	2.59	3.95

太阳能电池的容量为

$$P = \frac{P_L t \eta}{H_p} = \frac{18 \times 5 \times 1.7}{2.61} W \approx 58.62 \, W$$

蓄电池的容量为

$$C = \frac{P_L t A D_t}{U} = \frac{18 \times 5 \times 1.8 \times 3}{12} A \cdot h = 40.5 \, A \cdot h$$

本工程中,如果按全年的平均峰值日照时数 3.95 h 计算,可得到太阳能电池的容量约为 38.73 W,这样规模的容量安装后可能当年的 1 月、2 月、3 月、9 月、10 月、11 月、12 月不能保证负载正常可靠的运转。

有文献介绍以年辐射总量为依据的计算方法,计算太阳能电池的总功率以式(10-8)表示。

$$P = \frac{K P_L t}{F_y} \tag{10-8}$$

式中,K——太阳辐射量修正数,单位为千焦每平方厘米时($kJ/cm^2 \cdot h$),一般对于有人维护和一般使用状态的系统时,取值 230;系统无人维护且要求可靠,取值 251;系统无法维护、环境恶劣、要求可靠时,取值 276;

F_y——为当地全年辐射总量,单位为 kJ/cm^2。

也有以年辐射总量和斜面修正系数为依据的计算方法,太阳能电池的总功率有(10-9)式所得。

$$P = \frac{5618AP_{总}}{KF_y} \quad (10-9)$$

式中，A——系统的安全系数，取值范围 1.1—1.4；

$P_{总}$——负载的总用电量；

K——斜面修正系数；

F_y——水平面年平均辐射总量。

需要指出的是以年辐射总量统计数据为依据计算的太阳电池总量的时候要慎重。拿公式(10-8)来重新计算上例可以得到验证，南京地区的 1996 年辐射总量约为 590.03 kJ/cm²。K 取最恶劣环境时的数据 276，由式(10-8)可得

$$P = \frac{KP_L t}{F_y} = \frac{276 \times 18 \times 5}{590.03} \text{W} = 42.08 \text{ W}$$

以此容量安装的光伏系统理论上可能不能保证负载在 1 月、2 月、11 月、12 月份的可靠运转。

参考文献

[1] 马丁·格林著;李秀文,等译. 太阳电池——工作原理、工艺和系统的应用[M]. 北京:电子工业出版社,1987

[2] S. R. WenHam, M. A. Green, M. E. Watt, R. CorKish 等编;狄大卫,高兆利,施正荣,等译. 应用光伏学[M]. 上海:上海交通大学出版社,2008

[3] 王长贵,王斯成主编. 太阳能光伏发电实用技术(第二版)[M]. 北京:化学工业出版社,2009

[4] [德]Stefan Krauter 著;王宾,董新洲译. 太阳能光伏发电——光伏能源系统[M]. 北京:机械工业出版社,2009

[5] 杨金焕,于化丛,葛亮编著. 太阳能光伏发电应用技术[M]. 北京:电子工业出版社,2009

[6] 冯垛生,张淼,赵慧,林栅编著. 太阳能发电技术与应用[M]. 北京:人民邮电出版社,2009

[7] 沈辉,曾祖勤主编. 太阳能光伏发电技术[M]. 北京:化学工业出版社,2009

[8] 崔容强,赵春江,吴达成编著. 并网型太阳能光伏发电系统[M]. 北京:化学工业出版社,2008

[9] 刘宏,吴达成,杨志刚,翟永辉编著. 家用太阳能光伏电源系统[M]. 北京:化学工业出版社,2007

[10] 刘寄声编著. 太阳电池加工技术问答[M]. 北京:化学工业出版社,2009

[11] 王云亮主编. 电力电子技术[M]. 北京:电子工业出版社,2009

[12] 李钟实编著. 太阳能光伏发电设计施工与维护[M]. 北京:人民邮电出版社,2010

[13] 邓长生编著. 太阳能原理与应用[M]. 北京:化学工业出版社,2010

[14] 徐立娟主编. 电力电子技术[M]. 北京:人民邮电出版社,2010

[15] Xiangyang G, Manohar K. Design Optimization of A Large Scale Rooftop Photovoltaic System[J]. Solar Energy,2005